ま　え　が　き

　電気技術・電子技術を習得するためには，まず，その基礎理論である「電気回路」をじゅうぶん
理解し，応用できる力をつけることがたいせつである。この場合，

　　①　抽象化された理論式と具体的な電気現象との関係

　　②　理論式の表す意味

　　③　理論式の取り扱い

　　④　理論式を用いた計算のしかた

などをそれぞれ理解し，習熟するように努力する必要がある。

　このことから，「電気回路」の学習では，

　　⑤　現象の観察・理解

がたいせつであるといわれる反面

　　⑥　数式処理・計算処理について徹底した学習

が重要である。このため，⑤を配慮しながら⑥について反復・練習をつむ必要がある。本書は，そ
の手助けをすることを目的として編修したものである。本書によって，「電気回路」に関する実力を
じゅうぶん身につけ，電気技術・電子技術の基礎を固められることを期待してやまない。

本書の構成について

１．教科書の記載の順に内容が展開してあり，教科書の進度に即して学習が進められるようにくふ
　うしてある。

２．問題には基礎的で重要なものを重点的に取り上げて，教科書で学んだことに対する理解の程度
　を，みずから確かめ，さらに，それを発展して学習ができるように配慮してある。

本書の使い方

　この演習ノートには，次のような使い方がある。うまく活用してほしい。

１．自己評価に：授業で学習した内容の理解度を自分自身が認識し，学習を進めるために用いる。

２．家庭学習用に：自学自習用として，「電気回路」の実力をつけるために用いる。

目 次

使用上の注意

◎単位の表し方…

　①量記号には斜体の文字を使用し，単位には [ ]
　　をつけています。例：R [Ω]，I [A]

　②数字のみの場合には，[ ] をつけていません。

　　π は数字とみなし，[ ] をつけていません。

　　例：3 V，π rad，$2\angle 45°$ A

◎有効数字…本書では，有効数字を 3 桁とし，

　$\sqrt{2} = 1.41$，$\sqrt{3} = 1.73$，$\pi = 3.14$ で計算しています。

◎図記号………JIS(日本産業規格)に定められた「電
　気用図記号」(JIS C 0617-1〜13) に準拠しました。

◎ 例題 …インターネット上に，該当の問
　題の例題を用意してあります。
　　右の 2 次元コード，または，次の
　URL にアクセスしてご利用ください。

　https://www.jikkyo.co.jp/d1/02/ko/denki

　＊コンテンツ利用料は発生しませんが，通信料は自己負担となり
　　ます。

第1章 電気回路の要素

1 電気回路の電流と電圧 （教科書1 p.6〜13）

1 電気回路の電流 （教科書1 p.6〜8）

1 次の文の（　）に適切な用語または記号を入れよ。

(1) 原子は，正の電荷をもつ（①　　　　　）と負の電荷をもつ
（②　　　　　）から構成され，電気的には（③　　　　　）である。

(2) 原子の一番外側の軌道にある電子は（④　　　　　）とよばれ，
原子から離れて自由に動き回ることのできる（⑤　　　　　）
となりやすい。

(3) クーロンは（⑥　　　　　）を表す単位であり，単位記号は
（⑦　　　　　）である。1 A の電流が1（⑧　　　　　）間に運ぶ電気
量が1クーロンである。

(4) ある断面に流れ込む（⑨　　　　　）と，その断面から流れ
（⑩　　　　　）電流とは等しい。このことを電流の（⑪　　　　　）
という。

(5) 乾電池に流れる電流は，時間が経過しても大きさも向きも変わ
らないという特徴がある。このような電流を（⑫　　　　　）とい
う。また，コンセントにプラグを差し込んだとき，流れる電流は，
時間とともに大きさと向きが変わるような電流が流れる。このよ
うな電流を（⑬　　　　　）という。

2 1分間に30億個の電子が導体中を移動したとき，次の問いに答え
よ。ただし，電子1個の電気量は 1.602×10^{-19} C である。

(1) 電気量 Q [C] はいくらか。

(2) 電流 I [A] はいくらか。

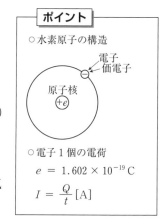

ポイント

○水素原子の構造

電子
価電子

原子核
$+e$

○電子1個の電荷
$e = 1.602 \times 10^{-19}$ C

$I = \dfrac{Q}{t}$ [A]

2 **電気回路の構成** (教科書1　p.9)

3 **電気回路の電圧** (教科書1　p.10)

1 次の文の (　　) に適切な用語を入れよ。

(1) 電気回路 (回路ともいう) は，乾電池のように電気を供給する (① 　　　　) から導体やスイッチを通り，(② 　　　　) に相当する豆電球を点灯させ電源に戻るというループ状で構成される。

(2) 右図のような電気回路の水流モデルにおいて，各水位を電気回路では (③ 　　　　) といい，その差のことを電位差または (④ 　　　　) という。また，手押しポンプのように，回路に電位差を生じさせるはたらきを (⑤ 　　　　) という。

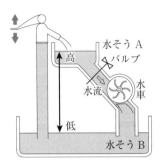

2 左下図のような電気回路は，下右図のような電気回路図と同じ接続となる。(　) に適切な量記号を入れよ。

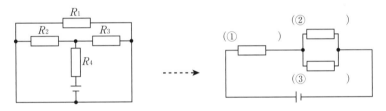

3 右図のように電池が接続されているとき，次の問いに答えよ。

(1) ②，③，④の各端子の電位 V_2, V_3, V_4 [V] をそれぞれ求めよ。

(2) ⑤，⑦，⑧の各端子の電位 V_5, V_7, V_8 [V] をそれぞれ求めよ。

(3) 端子②，①間および④，①間の電位差 V_{21}, V_{41} [V] をそれぞれ求めよ。

(4) 端子⑧，⑤間の電位差 V_{85} [V] を求めよ。

(5) 端子④，⑧間の電位差 V_{48} [V] を求めよ。

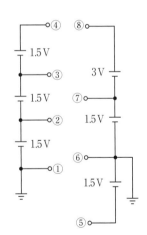

4 電気回路の測定 （教科書1 p.11～13）

1 次の文の（ ）に適切な用語を入れよ。

(1) 抵抗器に流れる電流を測定するための電流計は，計器内の抵抗が小さいため，負荷に（① ）に接続する。

(2) 抵抗器に加わる電圧を測定するための電圧計は，計器内の抵抗が大きいため，負荷に（② ）に接続する。

例題 2 次の（ ）に適切な数値を入れよ。

(1) $1\,\text{mA} = 10^{(①\quad)}\,\text{A}$　　　　(2) $1\,000\,\text{V} = (②\quad)\,\text{kV}$

(3) $0.1\,\mu\text{A} = 10^{(③\quad)}\,\text{A}$　　　(4) $10\,\text{V} = 10^{(④\quad)}\,\text{mV}$

(5) $5\,000\,\Omega = 5 \times 10^{(⑤\quad)}\,\text{k}\Omega = 5 \times 10^{(⑥\quad)}\,\text{M}\Omega$

(6) $0.04\,\text{kV} = 4 \times 10^{(⑦\quad)}\,\text{V} = 4 \times 10^{(⑧\quad)}\,\text{mV}$

(7) $0.07\,\text{M}\Omega = (⑨\quad)\,\text{k}\Omega = 7 \times 10^{(⑩\quad)}\,\Omega$

(8) $200\,\mu\text{A} = 2 \times 10^{(⑪\quad)}\,\text{A} = 2 \times 10^{(⑫\quad)}\,\text{mA}$

(9) $4\,700\,000\,\Omega = 4.7 \times 10^{(⑬\quad)}\,\Omega = 4.7 \times 10^{(⑭\quad)}\,\text{k}\Omega$

(10) $\dfrac{30}{1\,000}\,\text{A} = 3 \times 10^{(⑮\quad)}\,\text{A} = 3 \times 10^{(⑯\quad)}\,\mu\text{A}$

(11) $250\,\text{kV} = 250 \times 10^{(⑰\quad)}\,\text{V} = 2.5 \times 10^{(⑱\quad)}\,\text{V}$

(12) $\dfrac{40\,\text{kV}}{2\,\text{mV}} = \dfrac{40 \times 10^{(⑲\quad)}\,\text{V}}{2 \times 10^{(⑳\quad)}\,\text{V}} = 2 \times 10^{(㉑\quad)}$

3 右図に示す A，B および C の三つの抵抗について，次の問いに答えよ。

(1) 抵抗 A の抵抗値 $R_\text{A}\,[\Omega]$ を求めよ。

(2) 抵抗 B の抵抗値 $R_\text{B}\,[\Omega]$ を求めよ。

(3) 抵抗 C の抵抗値 $R_\text{C}\,[\Omega]$ を求めよ。

4 右図(a)のような方法で，電圧を 0 V から 60 V まで変化させたら，電流は図(b)のように変化した。次の問いに答えよ。

(1) 電圧が 30 V のときの電流 $I\,[\text{A}]$ を求めよ。

(2) (1)のときの $R_1\,[\Omega]$ の抵抗値を求めよ。

(3) 電流が 3 A 流れているときの電源電圧 $V\,[\text{V}]$ を求めよ。

V(可変電圧電源)

(a) 測定回路

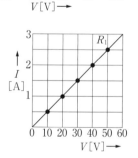

(b) 電圧・電流特性

2 抵抗器・コンデンサ・コイル （教科書 1　p.14〜19）

1 **抵抗器** （教科書 1　p.14〜15）

2 **コンデンサ** （教科書 1　p.16〜17）

3 **コイル** （教科書 1　p.18〜19）

1 次の文の（　）に適切な用語を入れよ。

(1) 抵抗器は電流の流れをさまたげるはたらきがあるため，次のような役割がある。

　・（①　　　　　）の流れを調整　　　　　・（②　　　　　）を調整

　・（③　　　　　）が発生

(2) コンデンサは電荷を（④　　　　　）などのはたらきがあるため，次のような役割がある。

　・充電・放電による（⑤　　　　　）の変化を吸収

　・（⑥　　　　　）を除去

　・（⑦　　　　　）は遮り，（⑧　　　　　）は周波数が高いほどよく通す。

(3) コイルは，電流を流すと（⑨　　　　　）と同じような性質が表れ，逆にコイルに（⑨　　　　　）を近づけたり遠ざけたりすると（⑩　　　　　）が発生するため，次のような役割がある。

　・（⑪　　　　　）を除去　　　　　・（⑫　　　　　）が可能

　・（⑬　　　　　）は通し，（⑭　　　　　）は周波数が高いほど通しにくい。

2 右図のように，電池，抵抗，コンデンサ，コイル，スイッチをそれぞれ接続した回路がある。電池の電圧が 8 V，抵抗が 2 Ω のとき，コンデンサには電荷はなく，コイルにはエネルギーはないものとして，次の問いに答えよ。

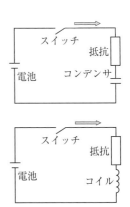

(1) スイッチを閉じた瞬間に抵抗に流れる電流 I[A] をそれぞれ求めよ。

(2) (1)の後，じゅうぶんに時間が経過したとき，抵抗に流れる電流 I[A] をそれぞれ求めよ。

第1章　総合問題

1　次の数字を，例のように有効数字3桁で表せ。

例：　$1\,230 = 1.23 \times 10^3$

(1)　7 940 000　　　　(2)　52 300 000

(3)　0.000 075　　　　(4)　0.000 419

2　5秒間に150 mCの電荷が移動した。このときの電流を [A]，[mA]，[μA] で表せ。

3　10 kΩの抵抗に100 Vの電圧を加えたときに流れる電流を [A]，[mA] で表せ。

4　右図のような回路において，点Gを基準とした各点A，B，C，Dの電位を求めよ。また，BC間の電位差 V_{BC} を求めよ。ただし，電池の電圧を E [V] とする。

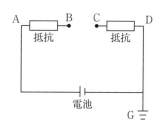

第2章　直流回路

1　直流回路 （教科書1　p.22〜47）

1　オームの法則 （教科書1　p.22〜23）

1　次の文の（　　）に適切な用語または記号を入れよ。

(1)　電気抵抗の大きさを示す単位には，（①　　　　　）が使われ，単位記号は（②　　　　　）である。

(2)　電気抵抗の逆数をコンダクタンスといい，単位には（③　　　　　）が使われ，単位記号は（④　　　　　）である。電流の（⑤　　　　　）を表す量である。

(3)　電圧 V [V]，抵抗 R [Ω] の回路がある。この回路に流れる電流 I [A] は，$I =$（⑥　　　　　）で表される。

ポイント

○オームの法則

$$I = \frac{V}{R}\,[\text{A}]$$

$$R = \frac{V}{I}\,[\Omega]$$

$$V = RI\,[\text{V}]$$

（電流，電圧，抵抗の関係を示したもの）

○オームの法則の覚え方

V / R | I

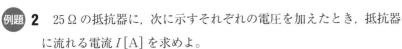

例題 2　25 Ω の抵抗器に，次に示すそれぞれの電圧を加えたとき，抵抗器に流れる電流 I [A] を求めよ。

(1)　100 V　　　(2)　5 V　　　(3)　300 mV

例題 3　ある電気回路に 100 V の電圧を加えたら，次に示す大きさの電流が流れた。それぞれの場合の抵抗 R [Ω] の大きさを求めよ。

(1)　8 A　　　(2)　50 mA　　　(3)　20 μA

例題 4　200 Ω の抵抗器に，次に示すような電流が流れた。それぞれの場合の抵抗器の両端の電圧 V [V] を求めよ。

(1)　0.8 A　　　(2)　25 mA　　　(3)　100 μA

5　次に示す抵抗のコンダクタンス G [S] は，それぞれいくらか。

(1)　10 Ω　　　(2)　50 Ω　　　(3)　2 kΩ

ポイント

○コンダクタンス G [S]

$$G = \frac{1}{R}\,[\text{S}]$$

○ $I = GV$ [A]

2 抵抗の直列接続 （教科書1　p.24～27）

1 次の文の（　）に適切な用語を入れよ。

　一つの抵抗器の一端がもう一つの抵抗器の一端と接続されているような接続方法を（① 　　　　）接続という。

　直列接続している各抵抗に流れる電流は（② 　　　　）い。また，合成抵抗に加わる電圧は，各抵抗に加わる電圧の（③ 　　　　）に等しい。各抵抗に加わる電圧を（④ 　　　　）といい，これらの電圧の比は，抵抗値の比に等しい。

　直流回路の（⑤ 　　　　　　　）は，抵抗とその抵抗を流れる電流との積で表され，回路に電流が流れると生じる。

ポイント

○直列接続の合成抵抗
$R = R_1 + R_2 + R_3 + \cdots + R_n \,[\Omega]$

○電圧
$V = V_1 + V_2 + V_3 + \cdots + V_n \,[\mathrm{V}]$
$V_1 = R_1 I \,[\mathrm{V}],\ V_2 = R_2 I \,[\mathrm{V}]$
$V_3 = R_3 I \,[\mathrm{V}],\ V_n = R_n I \,[\mathrm{V}]$

例題 2 $R_1 = 20\,\Omega$, $R_2 = 30\,\Omega$, $R_3 = 40\,\Omega$ の3個の抵抗を直列に接続したときの合成抵抗 $R\,[\Omega]$ はいくらか。

3 $R_1 = 1\,\mathrm{k\Omega}$, $R_2 = 3\,\mathrm{k\Omega}$, $R_3 = 700\,\Omega$ の3個の抵抗を直列に接続したときの合成抵抗 $R\,[\Omega]$ はいくらか。

☞ 単位をそろえて計算を行うこと。

例題 4 右図の回路において，次の問いに答えよ。

(1) 合成抵抗 $R\,[\Omega]$ および回路に流れる電流 $I\,[\mathrm{A}]$ を求めよ。

(2) ab 間および bc 間の電圧降下 V_{ab}, $V_{\mathrm{bc}}\,[\mathrm{V}]$ は，それぞれいくらか。

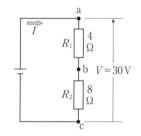

5 右図の回路において，次の問いに答えよ。

(1) この回路の合成抵抗 $R\,[\mathrm{k\Omega}]$ を求めよ。

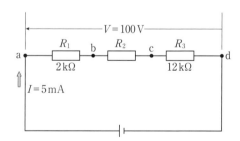

(2) R_2 は何 $\mathrm{k\Omega}$ か。

(3) ab 間，bc 間，cd 間の各電圧降下 V_{ab}, V_{bc}, $V_{\mathrm{cd}}\,[\mathrm{V}]$ は，それぞれいくらか。

☞ 電流や抵抗の単位に注意せよ。

3 抵抗の並列接続 （教科書1　p.28〜30）

1　次の文の（　）に適切な用語を入れよ。

　　二つの抵抗器の一端を接続し，他端も同様に接続されているような接続方法を（① 　　　）接続という。

　　並列回路に流れる全電流は，各抵抗に流れる電流の（② 　　　）に等しい。各抵抗に流れる電流を（③ 　　　）といい，これらの電流の比は，各抵抗値の（④ 　　　）の比に等しい。

 2　$R_1 = 20\,\Omega$ と $R_2 = 30\,\Omega$ の2個の抵抗を並列に接続した場合の合成抵抗 $R\,[\Omega]$ はいくらか。

ポイント

○並列接続の合成抵抗
$$R = \cfrac{1}{\cfrac{1}{R_1} + \cfrac{1}{R_2} + \cfrac{1}{R_3} + \cdots + \cfrac{1}{R_n}}$$
$$[\Omega]$$

○抵抗が二つの場合
$$R = \frac{R_1 R_2}{R_1 + R_2}\,[\Omega]$$

○電流の分流
$$I_1 = \frac{R_2}{R_1 + R_2}\,I\,[\text{A}]$$

I_1 は R_1 に流れる電流
I は電源に流れる電流

3　$30\,\Omega$ の抵抗が2個ある。次の問いに答えよ。

(1)　直列に接続したときの合成抵抗 $R_s\,[\Omega]$ はいくらか。

(2)　並列に接続したときの合成抵抗 $R_p\,[\Omega]$ はいくらか。

4　$20\,\text{k}\Omega$，$25\,\text{k}\Omega$，$50\,\text{k}\Omega$ の抵抗を並列に接続した。合成抵抗 R $[\text{k}\Omega]$ はいくらか。

 5　右図の回路において，次の問いに答えよ。

(1)　電流 $I_1\,[\text{A}]$ はいくらか。

(2)　電流 $I_2\,[\text{A}]$ はいくらか。

(3)　回路の合成抵抗 $R\,[\Omega]$ はいくらか。

(4)　電圧 $V\,[\text{V}]$ はいくらか。

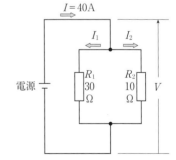

6 右図の回路において，次の問いに答えよ。

(1) 合成抵抗 R [Ω] はいくらか。

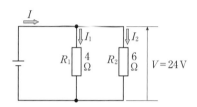

(2) 電流 I_2 [A] および I [A] はいくらか。

(3) 電圧 V [V] はいくらか。

7 右図の回路において，次の問いに答えよ。

(1) 各部の電流 I_1 [A]，I_2 [A]，および I [A] はいくらか。

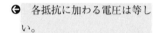

(2) 回路の合成抵抗 R [Ω] はいくらか。

➥ 各抵抗に加わる電圧は等しい。

8 右図の回路において，次の問いに答えよ。

(1) 抵抗 R_2 に流れる電流 I_2 [mA] はいくらか。

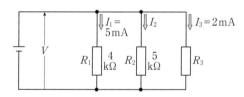

(2) 抵抗 R_3 [kΩ] はいくらか。また，回路の合成抵抗 R [kΩ] はいくらか。

➥ R_1 の端子電圧 $V(R_1 I_1)$ に着目せよ。

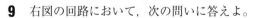

9 右図の回路において，次の問いに答えよ。

(1) 電流 I_1 [A]，I_2 [A]，I_3 [A] は，それぞれいくらか。

(2) 電源電圧 V [V] はいくらか。

➥ $I_1 : I_2 : I_3 = \dfrac{1}{R_1} : \dfrac{1}{R_2} : \dfrac{1}{R_3}$

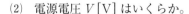

4　抵抗の直並列接続　(教科書 1　p.31〜33)

例題 1　右図の直並列回路において，次の問いに答えよ。

(1)　回路の合成抵抗 R [Ω] はいくらか。

(2)　電流 I [A] および I_1 [A] はいくらか。

(3)　ab 間の電圧 V_{ab} [V] はいくらか。

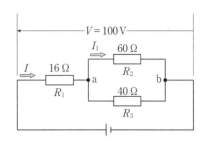

❸　まず，並列合成抵抗を求め，次に 16 Ω との直列合成抵抗を求める。

例題 2　右図の直並列回路において，次の問いに答えよ。

(1)　回路の合成抵抗 R [kΩ] はいくらか。

(2)　電流 I [mA] および I_1 [mA] はいくらか。

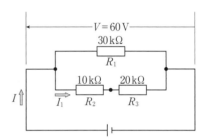

3　右図の直並列回路において，次の問いに答えよ。

(1)　ab 間，bc 間，ac 間の各電圧降下 V_{ab}, V_{bc}, V_{ac} はそれぞれ何 [V] か。

(2)　回路の合成抵抗 R [Ω] はいくらか。

(3)　電流 I_2 [A] および I [A] はいくらか。

(4)　電源電圧 E [V] はいくらか。

上の三角形の部分を下図のように直並列回路に置き換えて考える。

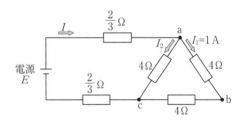

4 右図の直並列回路において，次の問いに答えよ。

(1) 図に示した ab 間の電圧 V_{ab} [V] はいくらか。

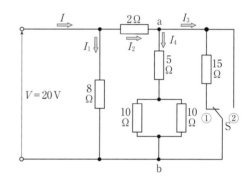

(2) 電源を流れる電流 I [mA] はいくらか。

(3) 電源電圧 E [V] はいくらか。

> ↩ まず，回路の右端 2 kΩ の抵抗に流れる電流を求め，次に 1 kΩ の電圧降下を求めればよい。

5 右図の回路において，次の問いに答えよ。

(1) スイッチ S を①側に閉じた場合，

  (i) 回路全体の合成抵抗 R [Ω] はいくらか。

  (ii) 電流 I [A]，I_1 [A]，I_2 [A]，I_3 [A] および I_4 [A] はそれぞれいくらか。

  (iii) ab 間の電圧 V_{ab} [V] はいくらか。

> ↩ 回路各部の電圧を考え，同じ電圧ではさまれていれば並列接続である。

(2) 次に，スイッチ S を②側に閉じた場合，

  (i) どのような回路になるか，図示せよ。

  (ii) この場合の合成抵抗 R [Ω] はいくらか。

  (iii) 電流 I [A] はいくらか。

6 右図の回路において，ab 間の合成抵抗 R_0 が 4 Ω になるような R [Ω] の値はいくらか。

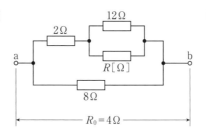

⊖ 2 Ω，12 Ω，R [Ω] の回路の合成抵抗を x として計算し，次に 8 Ω との並列合成抵抗を求める。
$$R_0 = \frac{8 \times x}{8 + x}$$

7 右図の回路において，ab 間の合成抵抗が 10 Ω になるような R [Ω] の値はいくらか。

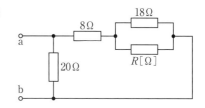

8 右図の回路において，ab 間の合成抵抗 R [Ω] はいくらか。

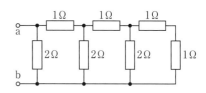

⊖ 回路の右端から順次合成抵抗を求めよ。

9 右図の回路において，ab 間の合成抵抗 R [Ω] はいくらか。

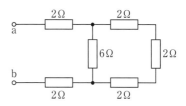

5 電流・電圧・抵抗の測定　—分流器と直列抵抗器— （教科書1　p.34〜37）

1 次の文の（　　）に適切な用語または記号を入れよ。

(1) 電流計に（①　　　　　）に接続した抵抗器を（②　　　　　）といい，電流計の測定範囲を（③　　　　　）するために用いられる。

(2) 測定電流 I[A] と，電流計 A に流れる I_a[A] との比 m を分流器の（④　　　　　）という。電流計の内部抵抗を r_a[Ω]，分流器の抵抗を R_s[Ω] とすると，分流器の倍率 m は，次式で表される。

$$m = \frac{I}{I_a} - \frac{r_a + R_s}{(⑤\qquad)}$$

ゆえに，分流器の抵抗 R_s[Ω] は，次式で表される。

$$R_s = \frac{r_a}{(⑥\qquad)}$$

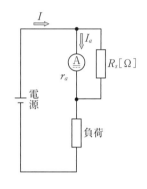

○分流器
$$m = \frac{I}{I_a} = \frac{r_a + R_s}{R_s}$$
$$R_s = \frac{r_a}{m - 1}\,[\Omega]$$

例題 2 右図は分流器 R_s[Ω] を使った回路である。$I = 20\,\text{A}$ のとき，$I_a = 5\,\text{A}$ であった。分流器の倍率 m はいくらか。

3 次の文の（　　）に適切な用語または記号を入れよ。

(1) 電圧計に（①　　　　　）に接続した抵抗器を（②　　　　　）といい，電圧計の測定範囲を（③　　　　　）するために用いられる。

(2) 電圧計と直列抵抗器を用いて電圧を測るとき，（④　　　　　）の端子電圧 V と電圧計に加わる電圧 V_v との比を直列抵抗器の（⑤　　　　　）という。

　　電圧計の内部抵抗 r_v[Ω]，直列抵抗器の抵抗 R_m[Ω] とすると，直列抵抗器の倍率 m は，次式で表される。

$$m = \frac{V}{V_v} = \frac{R_m + r_v}{(⑥\qquad)}$$

ゆえに，抵抗 R_m[Ω] は，次式で表される。

$$R_m = r_v(⑦\qquad)$$

ポイント

○直列抵抗器
$$m = \frac{V}{V_v} = \frac{R_m + r_v}{r_v}$$
$$R_m = r_v(m - 1)\,[\Omega]$$

例題 4 内部抵抗 $100\,\text{k}\Omega$，最大目盛 $100\,\text{V}$ の電圧計に，右図のように直列抵抗器 R_m を接続したとき，最大目盛 $500\,\text{V}$ の電圧計を作りたい。R_m[kΩ] の値はいくらか。

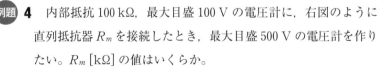
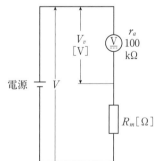

5 電流・電圧・抵抗の測定　―ブリッジ回路―　(教科書1　p.38〜39)

例題 1　右図のブリッジ回路において，S を開いている状態で，48 V の電圧を加えたとき，点 c を流れる電流 I は何 A か。また，a–b 間の電位差は何 V で，どちらが高いか。

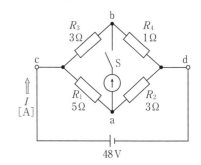

例題 2　右図のブリッジ回路において，各辺の抵抗値が図のような値のときに平衡した。次の問いに答えよ。

(1)　R_x [Ω] はいくらか。

(2)　このとき，点 a，点 b および ab 間の電位 V_a，V_b，V_{ab} [V] はそれぞれいくらか。

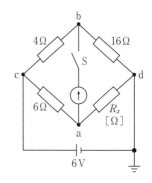

(3)　スイッチ S を開いているときの合成抵抗 R [Ω] はいくらか。

(4)　スイッチ S を閉じているときの合成抵抗 R [Ω] はいくらか。

> **ポイント**
> ○ブリッジの平衡条件
> $R_1 R_4 = R_2 R_3$
>   (相対する辺の抵抗の積が等しい) 上図参照
> ○点 a，b の電位は負 (−) 側を基準に考える。

3　右図の回路において，次の問いに答えよ。

(1)　点 a の電位 V_a [V] はいくらか。

(2)　点 b の電位 V_b [V] はいくらか。

(3)　ab 間の電位差 V_{ab} [V] はいくらか。

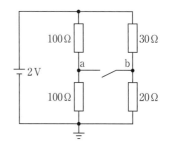

6 電池の接続 （教科書1 p.40〜41）

1 次の文の（　　）に適切な記号を入れよ。

(1) 起電力 E [V]，内部抵抗 r [Ω] の電池 n 個を直列に接続し，これに外部抵抗 R [Ω] を接続したとき，回路に流れる電流 I [A] は，次のように表される。

$$ I = \frac{E_1 + E_2 + \cdots + E_n}{R + (r_1 + r_2 + \cdots + r_n)} = \frac{(\text{①}\qquad)E}{R + (\text{②}\qquad)} $$

(2) (1)において，n 個の電池を並列接続した場合，回路に流れる電流 I [A] は，次のように表される。

$$ I = \frac{(\text{③}\qquad)}{R + (\text{④}\qquad)} $$

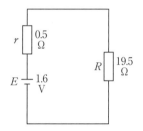

> **ポイント**
>
> 起電力と端子電圧
>
> 電圧降下：$V' = rI$ [V]
> 端子電圧：$V = E - V'$
> 　　　　　$= E - rI$ [V]

例題 2 右図のように起電力 1.6 V，内部抵抗 0.5 Ω の電池に 19.5 Ω の抵抗器 R を接続したとき，次の問いに答えよ。

(1) この回路に流れる電流 I [A] はいくらか。

(2) 内部抵抗 r による電圧降下 V' [V] はいくらか。

例題 3 起電力 2.2 V，内部抵抗 0.2 Ω の電池を 3 個直列接続した電源に抵抗器を接続した回路がある。次の問いに答えよ。

(1) 回路に流れる電流が 1.1 A であるという。抵抗器の抵抗値 R [Ω] はいくらか。

(2) 抵抗器の抵抗値 R が 1.4 Ω であるという。回路に流れる電流 I [A] および端子電圧 V [V] はいくらか。

例題 4 右図のように起電力 1.5 V，内部抵抗 0.3 Ω の電池を 3 個並列接続し，外部抵抗 1.4 Ω の抵抗を直列に接続した回路において，次の問いに答えよ。

(1) 全体の内部抵抗 r_0 [Ω] はいくらか。

(2) 外部抵抗に流れる電流 I [A] はいくらか。

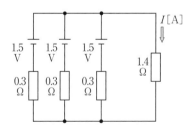

7　キルヒホッフの法則　(教科書1　p.42〜45)

1　次の文の（　）に適切な用語を入れよ。

（1）　キルヒホッフの第1法則は（①　　　）に関するものであり，第2法則は（②　　　）に関する法則である。

（2）　回路網中の任意の分岐点に（③　　　　　）電流の総和は，流れ出る電流の（④　　　）に等しい。これを第1法則という。

（3）　回路網中の任意の（⑤　　　）回路を一定の向きにたどるとき，回路の各部の（⑥　　　）の総和と，（⑦　　　）降下の総和とは等しい。これを第2法則という。

ポイント

○式の立て方

① 接続点に第1法則を適用する。接続点に流れ込む電流は ＋，流れ出る電流を － とし，これらの和を0とおく。

② 閉回路に第2法則を適用する。閉回路に「たどる向き」を定め，たどる向きと枝路の電流が同じ向きのとき ＋IR，逆のとき －IR とし，これら電圧降下の和と起電力の和が等しいとおく。

③ 立てた式を連立方程式として解く。

例題 2　キルヒホッフの第1法則を適用し，次の問いに答えよ。

（1）　図(a)でなりたつ式を書け。

（2）　図(b)の I [A] を求めよ（式も示せ）。

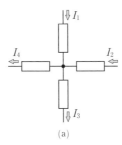

(a)

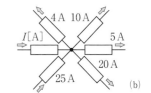

(b)

3　図(c)について，次の問いに答えよ。

（1）　点aおよび点bにおいて，第1法則を適用すると，式は
点a では，
点b では，

（2）　$I_2 = 12$ A, $I_3 = 4$ A, $I_4 = 10$ A のとき，I_1 [A], I_5 [A] および I [A] はそれぞれいくらか。

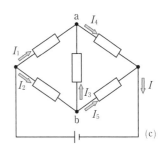

(c)

4　図(d)において，第2法則を示す式をつくれ。

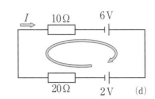

(d)

5　図(e)において，次の問いに答えよ。

（1）　点aおよび点bにおいて，第1法則を適用すると，式は
点a では，
点b では，

（2）　第2法則を適用し，次式の（　）に符号を入れよ。

　　Ⅰの回路　　$10I_1$ （①　　　）$5I_3 = $（②　　　）6

　　Ⅱの回路　　$20I_2$ （③　　　）$5I_3 = $（④　　　）2

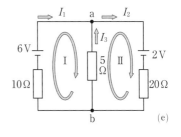

(e)

6 下図の回路について，次の（　　）に適切な記号を入れよ。

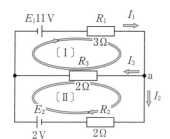

ポイント

式の数
左図の回路では未知数
（I_1, I_2, I_3）が三つあるので，
三つの式が必要。
第1法則で一つ。
第2法則で二つ。

(1) 点aにおいて，キルヒホッフの第1法則を用いると，次式がなりたつ。

$$I_1 = I_2（①　　　　）（②　　　　）\quad \cdots\cdots\cdots\cdots(1)$$

○← 点aに流れ込む電流は（＋）また，流れ出る電流は（−）として式を立てる。

(2) 閉回路〔Ⅰ〕について，第2法則を用いると，次式がなりたつ。

$$3I_1 + （③　　　　）= 11 \quad \cdots\cdots\cdots\cdots\cdots(2)$$

○← 閉回路〔Ⅰ〕のR_3の電圧降下は，たどる向きとI_3の電流の向きで考えよ。

(3) 閉回路〔Ⅱ〕について，第2法則を用いると，次式がなりたつ。

$$2I_2（④　　　　）（⑤　　　　）= 2 \quad \cdots\cdots\cdots\cdots(3)$$

○← 閉回路〔Ⅱ〕のR_3の電圧降下は，たどる向きとI_3の電流の向きで考えよ。

(4) 上の式(1), (2), (3)を連立方程式として解き，電流I_1, I_2およびI_3を求めよ。

7 右図の回路の電流 I_1 [A], I_2 [A] および I_3 [A] を求めよ。

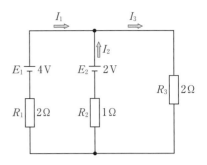

┌─ **ポイント** ─────────┐

○たどる向きは任意に決め
　てよい。

○求めた電流が負 (−) の
　ときは, その電流の流れ
　る向きが, 計算式で扱っ
　た向きと反対である
　((−) は向きを示す)。

└────────────────┘

8　右図の回路において, 次の問いに答えよ。

(1)　電流 I_1 [A], I_2 [A] および I_3 [A] を求めよ。

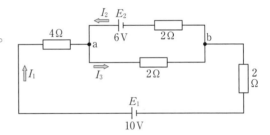

(2)　図中の ab 間の電圧 V_{ab} [V] を求めよ。

2 電力と熱 （教科書1　p.48〜59）

1 電流の発熱作用 （教科書1　p.48〜49）

1 次の文の（　）に適切な用語または式，記号を入れよ。

(1) 電気抵抗に電流を流すと熱が発生する。この熱を

（① 　　　　　　　　　　）という。

(2) 抵抗 R [Ω] に電圧 V [V] を加え，電流 I [A] が t 秒間流れるとき，発生する（② 　　　　　　　　　）Q [J] は，次式で表される。

$$Q = I^2(③ \qquad)$$

この関係を（④ 　　　　　　　　）の法則という。

(3) 水の（⑤ 　　　　　　　）は 4.19×10^3 J/(kg·K) である。したがって，M [kg] の水の温度を T_1 [℃] から T_2 [℃] にするのに必要な熱 Q [J] は，次式で表される。

$$Q = 4.19 \times 10^3(⑥ \qquad)$$

> **ポイント**
>
> 1 kg の水の温度を 1℃ 上昇させるのに必要な熱は，4.19×10^3 J である。

例題 2 20 Ω の抵抗に 5 A の電流を 30 分間流した。このときに発生する熱 [J] はいくらか。

> 時間は秒に変換して計算せよ。

3 10 Ω の抵抗に 100 V の電圧を 1 時間通電した場合，発生する熱 [J] はいくらか。

例題 4 10℃ の水 10 kg を 100℃ まで上昇させるのに必要な熱 [J] はいくらか。

> $T = (100 - 10)℃ = 90℃$ であることに注意。

5 100 V，6 A の電熱器がある。次の問いに答えよ。

(1) 30 分間通電したときの熱 [J] はいくらか。

(2) (1)の熱で 15℃ の水 10 kg を加熱すると，水の温度はいくらになるか。

2 電力と電力量 （教科書1　p.50～51）

1　次の文の（　　）に，適切な用語または式，数値を入れよ。

(1)　電力の単位には（① 　　　　）が用いられ，単位記号は
（② 　　　　）で表される。

(2)　$1 \, \mathrm{W \cdot h} = 1 \, \mathrm{W} \times$（③ 　　　　）$\mathrm{s} =$（④ 　　　　）$\mathrm{W \cdot s}$

(3)　電力量＝電力 ×（⑤ 　　　　）で表される。

2　ある抵抗に $100 \, \mathrm{V}$ 加えたら，$2 \, \mathrm{A}$ の電流が流れた。電力 $P \, [\mathrm{W}]$ はいくらか。

3　定格電圧 $100 \, \mathrm{V}$，定格消費電力 $1 \, \mathrm{kW}$ の電熱器に $110 \, \mathrm{V}$ の電圧を加えた場合の消費電力 $[\mathrm{kW}]$ は，次のうちどれか。

(ア)　1.0　　(イ)　1.1　　(ウ)　1.2　　(エ)　1.3

4　$100 \, \mathrm{V}$，$600 \, \mathrm{W}$ の電気アイロンがある。次の問いに答えよ。

(1)　電気抵抗 $R \, [\Omega]$ はいくらか。

(2)　10 時間使用したときの電力量は何 $\mathrm{kW \cdot h}$ か。

5　$1 \, \mathrm{kW \cdot h}$ の電力量で，$40 \, \mathrm{W}$ の電球を何時間連続点灯できるか。

6　$600 \, \mathrm{W}$ の電熱器を毎日 1 時間 30 分ずつ 30 日間使用した場合，次の問いに答えよ。

(1)　1 日の電力量 $W \, [\mathrm{W \cdot h}]$ はいくらか。また，単位を $\mathrm{W \cdot s}$ で表せ。

(2)　30 日間の電力量を $\mathrm{kW \cdot h}$ で表せ。

7　$100 \, \mathrm{V}$，$500 \, \mathrm{W}$ の電熱線がある。$20 \, ℃$，$10 \, \mathrm{kg}$ の水を $100 \, ℃$ に上昇させるには何分かかるか。ただし，電熱線の熱はすべて水に供給されるものとする。

ポイント

○エネルギーの単位
1 秒間あたりの電気エネルギーが，単位時間あたりにする仕事の大きさを電力といい，ワット $[\mathrm{W}]$ で表す。
$1 \, \mathrm{W} = 1 \, \mathrm{J/s}$

○電力
$$P = I^2 R = VI = \frac{V^2}{R} \, [\mathrm{W}]$$

○電力量
$W = P \cdot t \, [\mathrm{W \cdot s}] = [\mathrm{J}]$
$1 \, \mathrm{W \cdot h} = 3\,600 \, \mathrm{W \cdot s}$
$1 \, \mathrm{kW \cdot h} = 3.6 \times 10^6 \, \mathrm{W \cdot s}$

③ 温度上昇と許容電流 （教科書1 p.52〜53）

1 次の文の（　）に適切な用語または数値を入れよ。

(1) 物体に電流が流れていないとき，物体の温度は周囲の温度に
（①　　　　）いが，物体に電流が流れると熱が発生するので，物
体の温度は（②　　　　）する。このとき，物体は周囲との温度差
に比例する熱を周囲に（③　　　　）する。

(2) 絶縁物は，温度がある値以上になると（④　　　　）が進み，絶
縁物としての役目を果たさなくなる。そのため絶縁物は，耐熱ク
ラスが規定され，支障なく使える（⑤　　　　）が決められ
ている。

　　また，電気機器の周囲温度の最高は（⑥　　　　）℃と定められ
ており，この値を（⑦　　　　）という。

➡ JIS C4004

(3) 絶縁電線に温度上昇限度を超えない範囲で流せる最大の電流を
（⑧　　　　）電流という。たとえば，直径2.0 mmのビニル絶縁
電線（銅線）の許容電流は（⑨　　　　）Aである。

　　抵抗器には，使用可能
な最大の電力が決められ
ており，これを
（⑩　　　　）という。

2 右表の（　）に適切な
数値を入れよ。

ビニル絶縁電線（銅線）		ビニルコード（銅線）	
直径 [mm]	許容電流 [A]	公称断面積 [mm²]	許容電流 [A]
1.6	（①　　）	0.75	（③　　）
2.0	35	1.25	（④　　）
2.6	（②　　）	2.0	17

3 600 Ωの抵抗器がある。この抵抗器には200 mAまでの電流を流
すことができる。この抵抗の許容電力 P [W] はいくらか。

4 抵抗値が600 Ωで，許容電力が1 Wの抵抗器がある。この抵抗
器の許容電流 I [mA] はいくらか。

➡ $I = \sqrt{\dfrac{P}{R}}$

5 許容電力2 W，抵抗値3 kΩの抵抗器と，許容電力1 W，抵抗値1
kΩの抵抗器を直列に接続した回路がある。この回路の合成抵抗 R
[kΩ] と許容電流 I [mA] はいくらか。

➡ 直列接続の場合，許容電流
の小さい方をその回路の許容
電流とする。

4　電気回路の安全　(教科書1　p.54〜55)

1　次の文の（　）に適切な用語を入れよ。

(1)　電気回路の保護や安全のため，回路に一定より大きな電流が流れたとき，電流を（① 　　　　）する必要がある。

　　（② 　　　　）は，電流によるジュール熱により溶けて電流を遮断する。（③ 　　　　）は，バイメタルの作動により電気回路を遮断する。

(2)　接触部分の接触状態によって生じる抵抗を（④ 　　　　）という。この（④ 　　　　）が大きいと，発生する（⑤ 　　　　）熱が大きくなり，火災等の原因になることがある。

(3)　絶縁体は，電流が（⑥ 　　　　）なところ以外に流れないようにするために使われる。しかし，絶縁体に高電圧を加えるとわずかに（⑦ 　　　　）が流れる。絶縁体を流れる電流は，時間とともにゆっくり減少する（⑧ 　　　　）と，時間に対して変化しない（⑨ 　　　　）とに分けられる。加えた電圧を漏れ電流で割ったものを（⑩ 　　　　）という。

　　電線間，電路と大地間の絶縁状態を測定する計測器を（⑪ 　　　　）という。

(4)　水気や湿気の多い場所で使用する電気器具は感電防止など安全のため，また，電気回路の保護のため，機器の金属部分を（⑫ 　　　　）する必要がある。

2　電線間に500 Vの電圧を加えたとき，電線間の絶縁抵抗が5 MΩであった。漏れ電流を求めよ。

3　接地極E，補助接地電極P，補助電極Cを一直線上に配置し，交流電圧3 Vを加えると，30 mAの電流が流れた。このときの接地抵抗はいくらか。

5　熱と電気（教科書1　p.56〜57）

1 次の文の（　）に適切な用語を入れよ。

(1) 2種類の金属の両端を接合したものを（①　　　　　）といい，接合点に温度差を与えると，（②　　　　　）が発生する。この現象を（③　　　　　　　）という。このとき発生する起電力を（④　　　　　），流れる電流を（⑤　　　　）という。熱電対の接合点の温度の高いほうを（⑥　　　）接点，低いほうを（⑦　　　）接点という。

　熱電対の接合点の一方を切り離して，その間に任意の金属を挿入する。このとき，両方の接点の温度が，どちらも切り離すまえの冷接点の温度と同じならば，熱起電力は変わらない。この性質を（⑧　　　　　）の法則という。

　温度差と熱起電力の関係を利用して，温度を測定する計器を（⑨　　　　　　）という。

(2) 2種類の異なる金属を右図のように接合し，電流を流すと，
（⑩　　　　）部で熱が
（⑪　　　　）したり吸収されたりする。この現象を（⑫　　　　　）効果という。温度調節が容易にできるため，（⑬　　　　　　　）として利用されている。

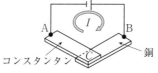

コンスタンタン　　銅

(3) 2点間に温度差がある導体に電流を流すと，ジュール熱以外の熱を発生または吸収する。この現象を（⑭　　　　　　）効果という。

3 電気抵抗 （教科書1　p.60～65）

1 抵抗率と導電率 （教科書1　p.60～62）

1 次の文の（　　）に適切な用語または記号を入れよ。

(1) 電流の流れをさまたげる働きの程度を（① 　　　）という。

量記号は（② 　　　），単位は（③ 　　　）である。

(2) 電流の流れやすさを表すには（④ 　　　）を使う。量記号は

（⑤ 　　　），単位は（⑥ 　　　）である。

2 右図のような銀の直方体において，次の問いに答えよ。

(1) ⑦側断面から電流を流したとき，抵抗は何Ωか。

(2) ①側断面から電流を流したとき，抵抗は何Ωか。

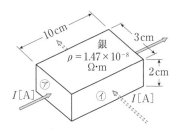

3 電線について，次の問いに答えよ。

(1) 直径 0.55 mm，長さ1mの電線の抵抗値が 1.91 Ω であった。
この電線の抵抗率 ρ [Ω·m] および導電率 σ [S/m] はいくらか。

(2) この電線で 10 Ω の抵抗器をつくりたい。必要な線の長さ l
[m] はいくらか。

ポイント

電気抵抗

$$R = \rho \frac{l}{A} \,[\Omega]$$

4 銅線について，次の問いに答えよ。

(1) 長さを2倍，断面積を $\frac{1}{2}$ 倍にしたとき，電気抵抗はもとの何倍か。

(2) 長さを2倍にし，直径を $\frac{1}{2}$ 倍したとき，電気抵抗はもとの何倍か。

5 右図は，同じ大きさの銅 (Cu) と鉄 (Fe) である。両者を比較して，
次の問いに答えよ。ただし，Cu および Fe の抵抗率 ρ は，それぞれ
1.72×10^{-8} Ω·m，9.8×10^{-8} Ω·m である。

(1) それぞれの抵抗値 R_{Cu}，R_{Fe} [Ω] はいくらか。

(2) 銅と鉄の抵抗値を同じ値にするために必要な鉄の長さ l [m] は
いくらか。

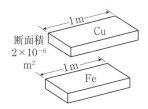

6 次の文の（　　）に適切な用語を入れよ。

(1) 抵抗率は，物質により異なる。電流をよく通す（①　　　　　）の抵抗率は約 $10^{-4}\,\Omega\cdot\mathrm{m}$ 以下であり，通しにくい（②　　　　　）の抵抗率は約 $10^4\,\Omega\cdot\mathrm{m}$ 以上である。導体としてよく使われる材料は（③　　　　　　）とよばれ，絶縁体として使われる材料は（④　　　　　　　）とよばれる。

(2) 抵抗率が導体と絶縁体の中間にあるケイ素やゲルマニウムなどは，（⑤　　　　　）とよばれ，温度が上昇すると抵抗率が（⑥　　　　）くなる性質をもつ。

2 **抵抗温度係数**（教科書1　p.62〜63）

例題 1 右表は，20℃における抵抗の温度係数を示したものである。次の問いに答えよ。

(1) 20℃において，10 Ω の銀線は，50℃では何Ωか。

(2) 20℃において，10 Ω のアルミニウム線は，50℃では何Ωか。

(3) 20℃において，10 Ω のニクロム線は，50℃では何Ωか。

物　質	$\alpha_{20}\,[\text{℃}^{-1}]$
銀	0.003 8
軟　　銅	0.003 93
アルミニウム	0.003 9
ニ ク ロ ム	0.000 03

抵抗の温度係数

例題 2 軟銅線の0℃における抵抗の温度係数 α_0 は，0.004 27 ℃$^{-1}$ である。次の問いに答えよ。

(1) 10℃のときの抵抗の温度係数 $\alpha_{10}\,[\text{℃}^{-1}]$ はいくらか。

(2) 30℃のときの抵抗の温度係数 $\alpha_{30}\,[\text{℃}^{-1}]$ はいくらか。

ポイント

抵抗の温度係数

○温度1℃あたりの抵抗の増加率

$$\alpha_t = \frac{R_2 - R_1}{(t_2 - t_1)R_1}\,[\text{℃}^{-1}]$$

○温度係数の温度変化

$$\alpha_t = \frac{\alpha_0}{1 + \alpha_0 t}\,[\text{℃}^{-1}]$$

α_0 は 0℃における温度係数

○温度による抵抗の変化

$$R_T = R_t\{1 + \alpha_t(T - t)\}\,[\Omega]$$

3 銅線コイルの抵抗をはかると，20℃で 5 250 Ω，30℃で 5 450 Ω であった。次の問いに答えよ。

(1) このコイルの 20℃における抵抗の温度係数 $\alpha_{20}\,[\text{℃}^{-1}]$ はいくらか。

(2) このコイルの 50℃における抵抗 $R_{50}\,[\Omega]$ はいくらか。

3 抵抗器 （教科書1 p.64〜65）

1 次の文の（　）に適切な用語を入れよ。

(1) 抵抗器には，抵抗値が一定の（① 　　　　）抵抗器と，抵抗値を変える
ことのできる（② 　　　　）抵抗器がある。材料で分類すると，巻線を用
いた（③ 　　　　）抵抗器，金属や炭素などの被膜を用いた（④ 　　　　）
抵抗器，混合物を成型して作った（⑤ 　　　　）抵抗器（ソリッド抵抗器）
がある。このほか，温度によって抵抗値が大きく変化する（⑥ 　　　　），
電圧によって抵抗値が大きく変化する（⑦ 　　　　）など，特殊な抵抗
器がある。

(2) 小形の抵抗器は抵抗値等を（⑧ 　　　　）で示しているものが多い。
また，抵抗に表示されている抵抗値（公称値）に対する誤差の範囲を
（⑨ 　　　　）という。

2 下表の（　）に適切な用語または記号を入れよ。

← 教科書1 前見返し2 参照。

カラーコード表示				数表示	
色名	数字	乗数	許容差 [%]	許容差 [%]	文字記号
色なし	－	－	± 20	± 30	（⑥　　　）
桃	－	10^{-3}	－	± 20	M
銀	－	10^{-2}	± 10	± 10	K
金	－	10^{-1}	± 5	± 5	J
（①　　　）	0	1	－	± 3	H
茶	1	10	± 1	± 2	（⑦　　　）
（②　　　）	2	10^2	± 2	± 1	F
橙	3	10^3	± 0.05	± 0.5	D
（③　　　）	4	10^4	± 0.02	± 0.25	C
緑	5	10^5	± 0.5	± 0.1	（⑧　　　）
（④　　　）	6	10^6	± 0.25	± 0.05	W
紫	7	10^7	± 0.1	± 0.02	（⑨　　　）
（⑤　　　）	8	10^8	± 0.01	± 0.01	（⑩　　　）
白	9	10^9	－	± 0.005	E

3 次の抵抗器の抵抗と許容差を求めよ。

(1)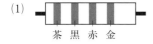
茶 黒 赤 金

(2)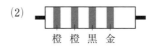
橙 橙 黒 金

(3) | 102 |
|---|

(4) | 4753 |
|---|

4 電流の化学作用と電池 （教科書1 p.68〜80）

1 電流の化学作用 （教科書1 p.68〜71）

1 次の文の（　　）に適切な用語または記号を入れよ。

(1) 電気分解によって析出した物質の物質量は，電解液中を通過する（① 　　　　）量に比例する。

(2) 96 500 C の（② 　　　　）量によって，それぞれの電極で電気分解されるイオンの物質量は，イオンの価数を n とすれば，つねに（③ 　　　　）[mol] である。

(3) 電解液を流れる電流 I [A] を t 秒間流したとき，析出したイオンの物質量を w [g]，原子量を A，イオンの価数を n とすると，$w =$（④ 　　　　　　）[g] である。

> **ポイント**
>
> 析出される物質量
> $$w = \frac{A}{n} \cdot \frac{I \cdot t}{96\,500} \text{ [g]}$$
> n：イオンの価数
> A：原子量

2 5 A の電流を 1 時間通電した場合，移動した電荷 Q [C] はいくらか。

3 硝酸銀溶液に 4 A の電流を流して，2 g の銀を析出させるのに必要な時間 t は何分か。ただし，銀の原子量は 107.9，銀イオンの原子価は 1 である。

4 硫酸銅溶液に 5 A の電流を 2 時間流したとき，析出される銅の量 w は何 g か。ただし，銅の原子量は 63.5，銅イオンの原子価は 2 である。

5 硝酸銀溶液に 3 A の電流を 30 分間流したとき，析出される銀の量 w は何 g か。ただし，銀の原子量は 107.9，銀イオンの原子価は 1 である。

2　電池（教科書1　p.72〜79）

1　次の文の（　　）に適切な用語または数値を入れよ。

(1)　電池には，一度放電すると再生できない（①　　　）電池と，放電しても（②　　　）により再生できる（③　　　）電池がある。

(2)　マンガン乾電池の構造は，炭素棒を（④　　　）極，亜鉛筒を（⑤　　　）極とし，塩化アンモニウムの電解液を黒鉛粉などと混ぜてのり状にした（⑥　　　）を封入してある。マンガン乾電池起電力は，約（⑦　　　）Vである。

(3)　燃料電池は，メタノールなどの燃料がもっているエネルギーを（⑧　　　）反応によって，（⑨　　　）エネルギーとして取り出すものである。

2　右図はルクランシェ電池の原理図である。次の問いに答えよ。

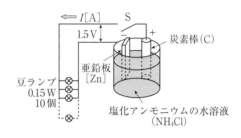

(1)　1.5 V 用 0.15 W の豆電球を 10 個並列に接続したとき流れる電流 I[A] はいくらか。ただし，通電期間中においては，電池の電圧は 1.5 V（一定）とする。

(2)　スイッチSを閉じて1時間通電すると，その間に電池の亜鉛板は何 g 溶けるか。ただし，亜鉛の原子量は65.4，亜鉛イオンの原子価は2である。

(3)　亜鉛板が10 g 溶けるには何時間かかるか。

3　右図のように，起電力2Vの電池に豆電球を接続したら，250 mAの電流が流れ，ab間は，1.9Vになった。豆電球の抵抗 R[Ω] および電池の内部抵抗 r[Ω] はいくらか。

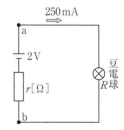

第 2 章　総 合 問 題

1　ある抵抗に 10 V の電圧を加えたら，20 mA の電流が流れた。この抵抗に 8 V の電圧を加えたら，流れる電流 I [A] はいくらか。

2　右図の回路において，電源の電流を 2 A にするには，電源電圧は何 V 必要か。また，ab 間の電圧 V_{ab} [V] はいくらか。

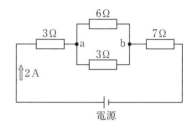

3　右図の回路において，全電流 I が 10 A で，R_1 および R_2 に流れる電流を 1：4 の比にしたい。

R_1 [Ω] および R_2 [Ω] はそれぞれいくらになるか。

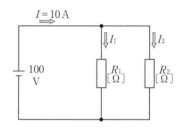

❸　ブリッジの平衡条件を利用する。

4　右図のような回路があり，電源電圧は V [V]（一定）である。スイッチ S を閉じたときの電流 I [A] が，S を開いているときの電流の 2 倍となるような抵抗 R_2 [Ω] はいくらか。

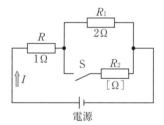

5　右図の回路において，次の問いに答えよ。

(1)　電流 I_1 [A]，I_2 [A] はいくらか。

(2)　点 b および点 d の電位 V_b，V_d [V] はそれぞれいくらか。

(3)　点 b および点 d の電位は，どちらがどれだけ高いか。

6　右図の回路において，スイッチSを開いても，閉じても電流は30 A で一定であるという。抵抗 R_3 [Ω] と R_4 [Ω] はそれぞれいくらか。

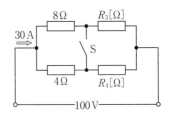

7　右図の回路において，次の問いに答えよ。

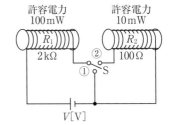

(1)　S を①側に閉じたとき，R_1 に流せる許容電流 I [mA] はいくらか。

(2)　R_2 の許容電流 I [mA] はいくらか。

(3)　S を②側に閉じたとき，R_1，R_2 の直列回路に流せる最大電流 I [mA] はいくらか。

(4)　(3)の電流を流すのに必要な電圧 V [V] はいくらか。また，回路の消費電力 P [mW] はいくらか。

8　白金電極を用いて硝酸銀溶液に 0.3 A の電流を流し，15 分間電気分解した。負極に何 g の銀が析出するか求めよ。ただし，$\dfrac{A}{n} \cdot \dfrac{1}{96\,500} = K$ とし，銀の値を $K = 1.180 \times 10^{-3}$ [g/C] とする。

9　硝酸銀を電気分解するとき，直流電流を 1 時間流したら，負極に 20 g の銀が付着したという。このときの通過電流を求めよ。ただし，$\dfrac{A}{n} \cdot \dfrac{1}{96\,500} = K$ とし，銀の値を $K = 1.180 \times 10^{-3}$ [g/C] とする。

第3章 静電気

1 電荷と電界 （教科書1 p.86〜97）

1 静電現象 （教科書1 p.86〜88）

1 次の文の（　）に適切な用語を入れよ。

(1) 物体が電荷を帯びる現象を帯電現象といい，物体に帯電した電荷を静電気という。同種の電荷間には（① 　　）力が，異種の電荷間には（② 　　）力が働く。これらの力を（③ 　　）力という。

(2) 静電気に関するクーロンの法則では，二つの点電荷の間に働く（③ 　　）力は，両電荷の（④ 　　）に比例し，距離の2乗に（⑤ 　　）する。

(3) 導体に帯電体を近づけると，帯電体に近い側に帯電体と（⑥ 　　）種の電荷が，遠い側には（⑦ 　　）種の電荷が現れる。この現象を（⑧ 　　）という。（⑨ 　　）は，電子機器類の（⑧ 　　）を防止するときに利用されている。

> **ポイント**
>
> ○クーロンの法則
>
> $$F = \frac{1}{4\pi\varepsilon_0} \cdot \frac{Q_1 Q_2}{r^2}$$
>
> $$= 9 \times 10^9 \times \frac{Q_1 Q_2}{\varepsilon_r r^2} \,[\mathrm{N}]$$
>
> $\varepsilon = \varepsilon_0 \varepsilon_r$
>
> $\varepsilon_0 = 8.85 \times 10^{-12} \,[\mathrm{F/m}]$

例題 2 真空中で，2×10^{-6} C および 3×10^{-6} C の二つの点電荷が2mの距離にある。これらの電荷間に働く静電力 $F\,[\mathrm{N}]$ はいくらか。

3 空気中に 40 cm 離して置かれた 6 μC と 8 μC の2つの点電荷がある。この電荷間に働く静電力 $F\,[\mathrm{N}]$ はいくらか。

4 空気中に 6 μC と 5 μC の2つの点電荷が，ある距離を離して置かれている。これらの間に働く静電力が 27 N であるとき，両電荷間の距離 $r\,[\mathrm{m}]$ はいくらか。

> ☛ $r^2 = 9 \times 10^9 \times \dfrac{Q_1 Q_2}{F} = A$
>
> 次に $r = \sqrt{A}$ を求めよ。

5 空気中に 5 cm 離して置かれた等量の2つの電荷がある。その間に働く静電力は 18 N で，反発力であった。電荷の大きさ $Q\,[\mathrm{C}]$ はいくらか。

> ☛ $Q_1 = Q_2 = Q$ とし，F を求めよ。

2 電界と電界の強さ （教科書1 p.89〜93）

1 次の文の（　）に適切な用語を入れよ。

(1) 一つの電荷にほかの電荷を近づけると（① 　　　　　）が働く。このように電荷のまわりにできる電気的な影響をおよぼす空間を（② 　　　）という。

(2) 電界の状態は，（③ 　　　　　）という仮想的な線で表される。この線は，（④ 　　　）の電荷から出て，（⑤ 　　　）の電荷にはいる。また，任意の点におけるこの線の密度は，その点における（⑥ 　　　）の大きさを表す。

(3) 誘電率 ε が異なる物質の境界面では，電気力線が不連続となるため，（⑦ 　　　　　）という ε 倍した新たな線を考える。

(4) 電界中に 1 C の正電荷を置いたとき，これに働く静電力の（⑧ 　　　）と（⑨ 　　　）をもった量を（⑩ 　　　　　）という。

例題 2 真空中に 3 μC の点電荷がある。この電荷から 5 cm 離れた点の電界の大きさ E [V/m] はいくらか。

例題 3 ある点電荷から 20 cm 離れた点の電界の大きさが 9×10^5 V/m であった。点電荷の大きさ Q [C] はいくらか。

例題 4 電界の大きさ 2×10^5 V/m の中に 15 μC の電荷を置くと，電荷に働く静電力 F [N] はいくらか。

5 ある電界の中に置かれた 4×10^{-6} C の電荷に働く静電力が 0.6 N であった。電界の大きさ E [V/m] はいくらか。

例題 6 空気中で $0.5 \, \text{cm}^2$ の面に垂直に 8×10^{-6} C の電束が通っている。次の問いに答えよ。

(1) 電束密度 D [C/m²] はいくらか。

(2) 電界の大きさ E [V/m] はいくらか。

ポイント

○電界の大きさ（真空中）

$$E = \frac{1}{4\pi\varepsilon_0} \cdot \frac{Q}{r^2}$$

$$= 9 \times 10^9 \times \frac{Q}{r^2} \, [\text{V/m}]$$

○電界中の電荷が受ける力

$$F = QE \, [\text{N}]$$

○電束密度

$$D = \frac{q}{A} = \varepsilon E \, [\text{C/m}^2]$$

3 電位と静電容量 （教科書1 p.93〜96）

1 次の文の（ ）に適切な用語を入れよ。

(1) （①   ）にさからって，1 C の正電荷を電界の強さが零の点から任意の点に移動させるのに必要な仕事を（②   ）という。

(2) 導体の表面の電位 V と電荷 Q の間には，$Q = CV$ [C] のように（③   ）関係がある。このような定数 C を（④   ）という。

> **ポイント**
>
> ○電位
> $$V = \frac{1}{4\pi\varepsilon_0} \cdot \frac{Q}{r} \ [V]$$
> ○球状導体の静電容量
> $$C = \frac{Q}{V} = 4\pi\varepsilon r \ [F]$$

例題 2 空気中にある 2 μC の点電荷から 3 m 離れた点の電位 V [V] を求めよ。

3 空気中にある 4 μC の点電荷から 10 cm 離れた点と 30 cm 離れた点との間の電位差 V [V] を求めよ。

4 空気中において，半径 15 cm の球状導体に 5 μC の電荷を与えたとき，球状導体表面の電位 V [V] を求めよ。

例題 5 静電容量 0.2 μF の球状導体の表面の電位が 4×10^4 V であった。球状導体にたくわえられている電荷 Q [C] を求めよ。

例題 6 空気中において，半径 50 cm の球状導体がある。この球状導体の静電容量 C [pF] はいくらか。

2　コンデンサ（教科書1　p.98〜109）

1　コンデンサの構造と静電容量（教科書1　p.98〜101）

1　0.005 F の静電容量をもつコンデンサに 1 000 V の電圧を加えたとき，コンデンサにたくわえられる電荷 Q [C] はいくらか。

例題 2　電極間隔が 2 cm の平行板コンデンサにたくわえられた電荷が 2 mC で，そのときの電圧が 25 V であった。次の問いに答えよ。

(1)　静電容量 C [μF] はいくらか。

(2)　電極間の電界の大きさ E [V/m] はいくらか。

3　面積が 20 cm^2 の 2 枚の金属板を，空気中で 1 cm 離して平行に置いたとき，このコンデンサの静電容量 C [pF] はいくらか。

4　**3** の金属板間に比誘電率 5 の媒質を満たしたとき，このコンデンサの静電容量 C [pF] はいくらか。

5　2 枚の平行板電極を 5 mm 離して置き，静電容量を測定したら，5 pF であった。この空気コンデンサの電極の面積 A [cm^2] はいくらか。

例題 6　静電容量が 0.01 μF の空気コンデンサがある。次の問いに答えよ。

(1)　100 V の電圧を加えたときの電荷 Q [μC] はいくらか。

(2)　これを完全に油の中に浸すと静電容量が 0.022 5 μF になった。この油の比誘電率 ε_r はいくらか。

ポイント

○コンデンサにたくわえられる電荷
$Q = CV$ [C]

○平行板コンデンサの静電容量
$C = \dfrac{\varepsilon A}{l}$ [F]

○電界の大きさ
$E = \dfrac{V}{l}$ [V/m]

求める電極の面積の単位 [cm^2] に注意する。

② コンデンサの接続　―並列接続―　（教科書1　p.102）

 1　右図は，二つのコンデンサを並列接続したものである。次の問い
　　に答えよ。

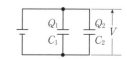

(1)　$C_1 = 3\,\mu\mathrm{F}$，$C_2 = 2\,\mu\mathrm{F}$ ならば，合成静電容量 $C\,[\mu\mathrm{F}]$ はいくら
　　か。

(2)　(1)において，$V = 100\,\mathrm{V}$ のとき，各コンデンサにたくわえられ
　　る電荷 Q_1，$Q_2\,[\mathrm{C}]$ はそれぞれいくらか。

(3)　(2)において，全体にたくわえられる電荷 $Q\,[\mu\mathrm{C}]$ はいくらか。

ポイント

○並列接続の合成静電容量
$$C = C_1 + C_2 + C_3 + \cdots + C_n\,[\mathrm{F}]$$

○電荷
$$Q = CV\,[\mathrm{C}]$$
$$Q = Q_1 + Q_2 + Q_3 + \cdots + Q_n\,[\mathrm{C}]$$

2　容量の等しいコンデンサ $C\,[\mathrm{F}]$ を n 個並列に接続したとき，合
　　成静電容量 $C_0\,[\mathrm{F}]$ はどのような式で表されるか。

3　$4\,\mu\mathrm{F}$ と $6\,\mu\mathrm{F}$ のコンデンサを並列に接続したとき，合成静電容量
　　$C_p\,[\mu\mathrm{F}]$ はいくらか。また，直列に接続したとき，合成静電容量 C_s　◑　次ページのポイント参照
　　$[\mu\mathrm{F}]$ はいくらか。

4　右図の回路において，次の問いに答えよ。

(1)　スイッチ S を左側に倒したとき，C_1 にたくわえられる電荷 Q
　　$[\mu\mathrm{C}]$ はいくらか。

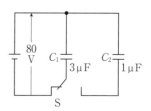

(2)　(1)の状態からスイッチ S を右側に切り換えたとき，コンデンサ
　　の端子電圧 $V_2\,[\mathrm{V}]$ はいくらか。

2　コンデンサの接続　―直列接続―　（教科書1　p.103〜105）

 1　右図のコンデンサの直列回路について，次の問いに答えよ。

(1)　$C_1 = 3\,\mu\mathrm{F}$, $C_2 = 2\,\mu\mathrm{F}$ ならば，合成静電容量 $C\,[\mu\mathrm{F}]$ はいくらか。

(2)　(1)で，$V = 50\,\mathrm{V}$ ならば，各コンデンサの端子電圧 V_1, $V_2\,[\mathrm{V}]$ はそれぞれいくらか。

(3)　(2)の場合，各コンデンサにたくわえられる電荷 Q_1, $Q_2\,[\mu\mathrm{C}]$ はそれぞれいくらか。

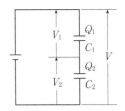

2　右図の回路において，次の問いに答えよ。

(1)　ab 間の合成静電容量 $C_{ab}\,[\mu\mathrm{F}]$ はいくらか。

(2)　回路全体の合成静電容量 $C\,[\mu\mathrm{F}]$ はいくらか。

(3)　各コンデンサに加わる電圧 V_1, $V_2\,[\mathrm{V}]$ はそれぞれいくらか。

ポイント

○直列接続の合成静電容量
$$C = \cfrac{1}{\dfrac{1}{C_1} + \dfrac{1}{C_2} + \dfrac{1}{C_3} + \cdots + \dfrac{1}{C_n}}\,[\mathrm{F}]$$

○コンデンサが2個の場合
$$C = \frac{C_1 C_2}{C_1 + C_2}\,[\mathrm{F}]$$

○電荷
$$Q = CV = C_1 V_1 = \cdots = C_n V_n\,[\mathrm{C}]$$

○電圧の分担
$$V_1 : V_2 = \frac{1}{C_1} + \frac{1}{C_2}$$

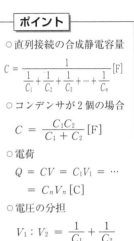

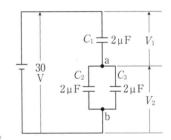

3　容量が $8\,\mu\mathrm{F}$ で耐圧 $100\,\mathrm{V}$ のコンデンサ C_1 と，容量が $4\,\mu\mathrm{F}$ で耐圧 $50\,\mathrm{V}$ のコンデンサ C_2 がある。これを直列に接続した場合，全体に加えうる最大電圧 $V\,[\mathrm{V}]$ はいくらか。また，その電圧を加えたときの各コンデンサの端子電圧 V_1, $V_2\,[\mathrm{V}]$ は，それぞれいくらになるか。

　最大電圧は耐電圧の低いほうを基準にする。

3 誘電体内のエネルギー （教科書1 p.106〜108）

例題 1 右図はコンデンサの直並列回路である。電源に 90 V を加えたら，cd 間の 6 μF のコンデンサには 180 μC の電荷がたくわえられた。次の問いに答えよ。

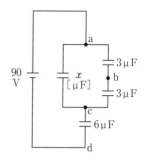

(1) cd 間の電圧 V_{cd} [V] はいくらか。また，ac 間の電圧 V_{ac} [V] はいくらか。

(2) コンデンサ x の容量はいくらか。

(3) 6 μF のコンデンサにたくわえられる静電エネルギー W_{cd} [J] はいくらか。

(4) C_{ab} ＝ 3 μF のコンデンサにたくわえられる静電エネルギー W_{ab} [J] はいくらか。

(5) x [μF] のコンデンサにたくわえられる静電エネルギー W_x [J] はいくらか。

(6) 回路全体にたくわえられる静電エネルギー W [J] はいくらか。

2 あるコンデンサに 1 000 V の電圧を加えたとき，2 J のエネルギーがたくわえられた。このコンデンサの静電容量 C [μF] はいくらか。

ポイント

○コンデンサにたくわえられるエネルギー

$$W = \frac{1}{2}CV^2 = \frac{1}{2}VQ \text{ [J]}$$

3　絶縁破壊と放電現象 （教科書1　p.110〜114）

1　絶縁破壊 （教科書1　p.110）

1　次の文の（　）に適切な用語を入れよ。

(1)　絶縁破壊するときの電圧を（①　　　　　　　　）という。

(2)　材料の単位厚さに対する絶縁破壊電圧の値を

　（②　　　　　　　　　）という。

2　気体中の放電 （教科書1　p.111〜113）

1　次の文の（　）に適切な用語を入れよ。

(1)　絶縁破壊によって流れる電流を（①　　　　）電流という。

(2)　針と平板の間に電圧を加えると，電界が強い針の先端などで，

　局部的に（②　　　　）が持続してつくられ，（③　　　　　　）を

　起こし，針の先端が光る。これを（④　　　　　　）という。電

　圧を加えて電界をさらに強くすると，音と火花を発し，

　（⑤　　　　　　）を起こす。これには，（⑥　　　　）放電や

　（⑦　　　　）放電がある。

(3)　蛍光ランプは（⑧　　　　）蒸気の中でアーク（⑨　　　　　）を

　起こさせ，発生した（⑩　　　　　　）を蛍光ランプの内側に塗られ

　た蛍光物質にあてる。そのときに得られる（⑪　　　　　　）と，

　アーク自身の可視部の光を利用するものである。

第 3 章 総 合 問 題

1 右図は，四つのコンデンサ C_1, C_2, C_3 および C_4 を直列，並列および直並列に接続した回路である。$C_1 = 1\,\mu\mathrm{F}$，$C_2 = 2\,\mu\mathrm{F}$，$C_3 = 3\,\mu\mathrm{F}$，$C_4 = 4\,\mu\mathrm{F}$ のとき，各回路の合成静電容量 $C\,[\mu\mathrm{F}]$ はそれぞれいくらか。

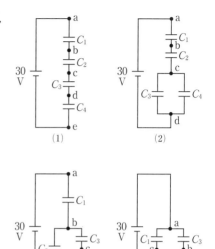

2 右図は，コンデンサの直列回路に抵抗を並列に接続した回路である。次の問いに答えよ。ただし，電池の負極を零電位とする。

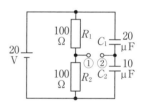

(1) 点①の電位 $V_1\,[\mathrm{V}]$ はいくらか。

(2) 点②の電位 $V_2\,[\mathrm{V}]$ はいくらか。

(3) どちらの電位がどれだけ高いか。

3 静電容量 $10\,\mu\mathrm{F}$ のコンデンサに $50\,\mathrm{V}$ の電圧を加えたとき，コンデンサにたくわえられる電荷 $Q\,[\mu\mathrm{C}]$ はいくらか。また，たくわえられる静電エネルギー $W\,[\mathrm{J}]$ はいくらか。

4　右図は平行板空気コンデンサである。電極板の面積 A は $4\,\mathrm{cm^2}$ であり，電極板の間隔 l は $20\,\mathrm{mm}$ である。電圧 $V = 100\,\mathrm{V}$ を加えた場合，次の問いに答えよ。

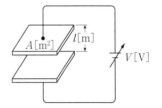

(1)　静電容量 $C\,[\mathrm{pF}]$ はいくらか。

(2)　このコンデンサにたくわえられる電荷 $Q\,[\mathrm{C}]$ はいくらか。

(3)　このコンデンサにたくわえられる静電エネルギー $W\,[\mathrm{J}]$ はいくらか。

(4)　電界の大きさ $E\,[\mathrm{V/m}]$ はいくらか。

(5)　電束密度 $D\,[\mathrm{C/m^2}]$ はいくらか。

5　右図(a)のように，二つのコンデンサを並列接続したときの合成容量は $10\,\mu\mathrm{F}$，図(b)のように直列接続したときは，合成容量が $2.4\,\mu\mathrm{F}$ である。二つのコンデンサ C_1，$C_2\,[\mu\mathrm{F}]$ の値はそれぞれいくらか。

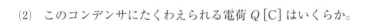

(a)　　　　　(b)

6　図(a)の左図と右図および図(b)の上図と下図の関係は，どういうことを表しているか説明せよ。

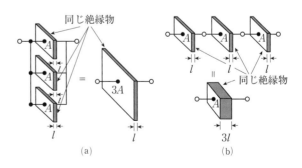

(a)　　　　　(b)

第4章 磁気

1 電流と磁界 (教科書1 p.118〜131)

1 磁石と磁気 (教科書1 p.118〜121)

1 次の文の（　）に適切な用語または記号を入れよ。

(1) 磁石は（①　　　）極と（②　　　）極の二つの磁極からできている。

(2) 磁石には，異種の極どうしの間には（③　　　）力が働き，同種の極どうしの間には（④　　　）力が働く。

(3) 磁力線の存在する領域を（⑤　　　）という。

(4) 磁極の強さを表す単位はウェーバであり，その単位記号には（⑥　　　）を使う。

(5) 磁極間に働く力の単位はニュートンであり，その単位記号には，（⑦　　　）が使われる。

(6) 鉄片に磁石を近づけると，鉄片が（⑧　　　）され，その両端にN・Sの磁極が現れる。この現象を（⑨　　　）誘導という。

> **ポイント**
> ○クーロンの法則
> （真空中または空気中）
> $$F = \frac{1}{4\pi\mu_0}\cdot\frac{m_1 m_2}{r^2}$$
> $$= 6.33\times10^4\times\frac{m_1 m_2}{r^2}\ [\text{N}]$$
> $\mu_0 = 4\pi\times10^{-7}\ [\text{H/m}]$
> ○アンペアの右ねじの法則
> 電流の向きを右ねじの進む向きにとると，ねじを回す向きが磁界の向きになる。

例題 2 空気中で二つの磁極の強さが，$m_1 = 2\times10^{-4}$ Wb，$m_2 = 3\times10^{-4}$ Wb，両磁極の距離が20 cmであるとき，両磁極間に働く力F [N] はいくらか。

⊝ 両磁極間の距離 r の単位は [m] である。

2 電流による磁界 (教科書1 p.122〜123)

1 次の文の（　）に適切な用語を入れよ。

電流が流れると，その付近に（①　　　）が生じる。電流の向きを右ねじの進む向きにとると，ねじを回す向きが（②　　　）の向きになる。これを（③　　　）の法則という。

2 図(a)，(b)，(c)の①〜⑥に生じる磁極の極性を示せ。

⊝ アンペアの右ねじの法則を適用する。

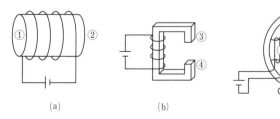

(a)　　　(b)　　　(c)

3　磁界の強さ　（教科書 1　p.124〜130）

1　次の文の（　　）に適切な用語または記号を入れよ。

(1)　磁界の強さは，磁界中に（①　　　　　）の正の磁極を置いたとき，この磁極に働く力の（②　　　　　）と（③　　　　　）で表す。

(2)　磁界の大きさは（④　　　　　）で表し，その単位はアンペア毎メートルで，その単位記号には（⑤　　　　　）を使う。

2　真空中で，5×10^{-2} Wb の磁極から 20 cm 離れた点の磁界の大きさ H [A/m] はいくらか。

ポイント

○ 磁界の大きさ

$$H = 6.33 \times 10^4 \times \frac{m}{r^2}$$

$$[\mathrm{A/m}]$$

μ_r は媒質の比透磁率

○ 磁極に働く力

$$F = mH \, [\mathrm{N}]$$

3　真空中において，4×10^{-3} Wb の磁極から r [cm] 離れた点の磁界の大きさが 6.33×10^3 A/m であった。r [cm] はいくらか。

4　磁界の大きさが 4×10^3 A/m の磁界中に，2×10^{-3} Wb の磁極を置いたとき，この磁極に働く力 F [N] はいくらか。

5　磁界の大きさが 8×10^3 A/m の磁界中に，磁極を置いたとき 5×10^{-4} N の力が働いた。この磁極の大きさ m [Wb] はいくらか。

6　ある磁界中に 5×10^{-6} Wb の磁極を置いたとき，この磁極に 1.5×10^{-2} N の力が働いた。磁界の大きさ H [A/m] はいくらか。

7　比透磁率 μ_r が 100 の媒質中に 2×10^{-5} Wb の磁極を置いたとき，10 cm 離れた点の磁界の大きさ H [A/m] はいくらか。

8 半径 1 m，巻数 100 回の円形コイルに 10 A の電流を流した場合，コイルの中心の磁界の大きさ H [A/m] はいくらか。

9 直径 10 cm，巻数 20 回の円形コイルに 2 A の電流を流した場合，コイルの中心の磁界の大きさ H [A/m] はいくらか。

10 巻数 200 回，直径 15 cm の円形コイルの中心の磁界の大きさを 5 000 A/m にするためには，コイルに何 A の電流 I [A] を流せばよいか。

 11 巻数 500 回の円形コイルに 5 A の電流を流したとき，中心の磁界の大きさが 2 000 A/m であったという。この円形コイルの半径 r [cm] はいくらか。

12 1 本の直線状の導体に 50 A の電流を流したとき，この導体から 5 cm 離れた点の磁界の大きさ H [A/m] はいくらか。

13 巻数 200 回，平均の長さ 40 cm の環状コイルに，10 A の電流を流した。コイル内部に生じる磁界の大きさ H [A/m] はいくらか。

14 巻数 100 回，平均の長さ 50 cm の環状コイルの内部に生じる磁界の大きさが 600 A/m であった。流れる電流 I [A] はいくらか。

ポイント

○円形コイルの中心の磁界の大きさ
$$H = \frac{NI}{2r} \text{ [A/m]}$$

○直線状導体による磁界の大きさ
$$H = \frac{I}{2\pi r} \text{ [A/m]}$$

○無限に長いソレノイド内部の磁界の大きさ
$$H = NI \text{ [A/m]}$$

○環状コイルの内部の磁界の大きさ
$$H = \frac{NI}{l} = \frac{NI}{2\pi r} \text{ [A/m]}$$

2 磁界中の電流に働く力 （教科書1　p.132〜143）

1 電磁力 （教科書1　p.132〜135）

1 次の文の（　　）に適切な用語または記号を入れよ。

(1) 磁界中にある導体に電流が流れると，導体に (① 　　　　　) という力が働く。

(2) 磁力線の数を μ 倍した新たな線を (② 　　　　　) といい，単位にはウェーバ，単位記号は (③ 　　　　) が用いられる。

(3) 磁束に垂直な単位面積あたりの磁束を (④ 　　　　　) といい，単位にはテスラ，単位記号には (⑤ 　　　　) が用いられる。

(4) 電磁力の向きをみつける方法として，(⑥ 　　　　　　　　　　) の法則がある。

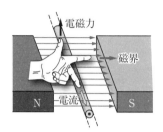

2 $10\ \text{cm}^2$ の断面積を貫く磁束が，$0.25 \times 10^{-4}\ \text{Wb}$ である場合，磁束密度 $B\,[\text{T}]$ はいくらか。

3 磁束密度が $0.5\ \text{T}$ である断面の磁束 $\varPhi\,[\text{Wb}]$ はいくらか。ただし，断面は円形であり，その半径は $2\ \text{cm}$ である。

ポイント

○磁束密度

$$B = \frac{\varPhi}{A}\,[\text{T}]$$

○導体に働く力

$$F = BIl\sin\theta\,[\text{N}]$$

θ は磁界の向きに対する導体の傾き角

---

4 下図において，電磁力の方向を矢印で示せ。

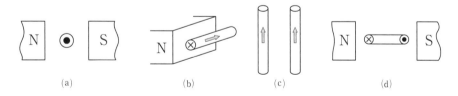

(a)　　　　　　　　(b)　　　　　　　(c)　　　　　　　(d)

 5 磁束密度 $1.5\ \text{T}$ の磁界中に，$40\ \text{cm}$ の導体が磁界と直角方向に置かれ，$10\ \text{A}$ の電流が流れている。導体に働く力 $F\,[\text{N}]$ はいくらか。

2 方形コイルに働くトルク （教科書1　p.136〜139）

1　次の文の ( ) に適切な用語を入れよ。

　　長方形に巻かれたコイルを (① 　　　　　　　) といい，磁界中に置いて電流を流すと (② 　　　　　) が生じる。

 2　巻数が 200 回，面積が 30 cm^2 のコイルがある。このコイルを磁束密度が 0.4 T の磁界に置き 0.05 A の電流を流すとき，コイルに働くトルク T [N·m] はいくらか。

3　縦 5 cm，横 4 cm の巻わくにコイルを 20 回巻いてあり，これが磁束密度 0.5 T の磁界中で，自由に回転できるようになっている。コイルに 2 mA の電流を流すとき，トルク T [N·m] はいくらか。

> **ポイント**
> ○方形コイルに働くトルク
> 　$T = NBIA\cos\theta$ [N·m]
> ○平行な直線状導体間に働く力
> 　$f = \dfrac{2I_1I_2}{r} \times 10^{-7}$ [N/m]

3 平行な直線状導体間に働く力 （教科書1　p.140〜141）

1　次の文の ( ) に適切な用語を入れよ。

　　二つの平行な直線状導体に電流を流すと，両導体間に (① 　　　　) が働く。二つの平行な直線状導体に同じ向きの電流を流すと (② 　　　　)，二つの平行な直線状導体に逆向きの電流を流すと (③ 　　　　) が働く。

2　2 m 離れた平行導体がある。一方の導体に 10 A，他方には逆向きの電流 20 A が流れている。次の問いに答えよ。

(1)　導体間に働く力を，右から選べ。　　　（吸引力・反発力）

(2)　導体 1 m 当たりに作用する電磁力 f [N/m] はいくらか。

3　10 A の電流が流れている直線状の導体がある。それより 50 cm 離れた点の磁界の大きさ H [A/m] を求めよ。また，その点の磁束密度 B [T] を求め，さらに，その点に 50 A 流れている平行導体があるとき，導体 1 m あたりに働く力 f [N/m] はいくらか。

3 磁性体と磁気回路 （教科書1　p.144〜159）

1 環状鉄心の磁気回路 （教科書1　p.144〜152）

1 次の文の（　）に適切な用語または記号を入れよ。

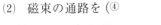

(1) 右図のように，環状鉄心のまわりに被覆電線を巻き付け，この
電線に電流を流すと，鉄心中に磁束が生じる。磁束が生じるこの
原動力を（①　　　　）といい，量記号には（②　　　　），単位は
（③　　　　）を用いる。

(2) 磁束の通路を（④　　　　）といい，電気回路のように閉じた
（④　　　　）を（⑤　　　　）という。

(3) 起磁力と磁束の比を，磁気回路の（⑥　　　　）という。

例題 2 巻数500回のコイルに10Aの電流を流した。起磁力 F_m [A] は
いくらか。

ポイント

○起磁力

　$F_m = NI$ [A]

○磁気抵抗

　$R_m = \dfrac{NI}{\varPhi} = \dfrac{l}{\mu A}$ [H^{-1}]

○環状鉄心の磁束

　$\varPhi = \dfrac{\mu ANI}{l}$ [Wb]

○透磁率

　$\mu = \mu_0 \mu_r$ [H/m]

例題 3 ある磁気回路において，起磁力が1000A，磁束が0.5Wbである
という。この磁気回路の磁気抵抗 R_m [H^{-1}] はいくらか。

例題 4 比透磁率1000の鉄心の透磁率 μ [H/m] はいくらか。

例題 5 比透磁率800，断面積 1.2×10^{-4} m^2，磁路の長さ0.8mの鉄心に
コイルを2000回巻き，5Aの電流を流した。このとき生じる磁束
$\varPhi$ [Wb] はいくらか。

6 断面積 $20\,\mathrm{cm}^2$，磁路の長さ $80\,\mathrm{cm}$，磁気抵抗 $4 \times 10^5\,\mathrm{H}^{-1}$ の環状鉄心がある。この鉄心の比透磁率 μ_r はいくらか。

7 $100\,\mathrm{cm}^2$ の鉄心に $0.01\,\mathrm{Wb}$ の磁束がある。磁束密度 $B\,[\mathrm{T}]$ はいくらか。

例題 **8** 右図において，磁路の長さ $2\,\mathrm{m}$，エアギャップの長さ $1\,\mathrm{mm}$，鉄心の断面積 $12\,\mathrm{cm}^2$，鉄の比透磁率 900 である。次の問いに答えよ。

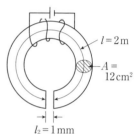

(1) 鉄心の磁気抵抗 $R_{m1}\,[\mathrm{H}^{-1}]$ はいくらか。

(2) エアギャップの磁気抵抗 $R_{m2}\,[\mathrm{H}^{-1}]$ はいくらか。

(3) 磁気回路全体の磁気抵抗 $R_{m0}\,[\mathrm{H}^{-1}]$ はいくらか。

ポイント

○ギャップのある磁気回路の起磁力，磁界，磁束

$$NI = H_1 l_1 + H_2 l_2\,[\mathrm{A}]$$

$$H_1 = \frac{B}{\mu},\ H_2 = \frac{B}{\mu_0}\,[\mathrm{A/m}]$$

$$\varPhi = \frac{NI}{\dfrac{l_1}{\mu A} + \dfrac{l_2}{\mu_0 A}}\,[\mathrm{Wb}]$$

---

9 右図の磁気回路において，次の問いに答えよ。

(1) 鉄心の磁束密度を $1.6\,\mathrm{T}$ にするには，磁界の強さを $4\,000\,\mathrm{A/m}$ にしなければならない。鉄心部分に必要な起磁力 $H_1 l_1\,[\mathrm{A}]$ はいくらか。

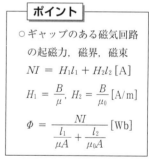

(2) エアギャップの部分に必要な起磁力 $H_2 l_2\,[\mathrm{A}]$ はいくらか。

(3) 巻数 N はいくらか。

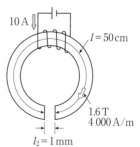

➡ $H_2 = \dfrac{B}{\mu_0}$

② 磁化曲線 (教科書1 p.153〜157)

1 次の文の( )に適切な用語を入れよ。

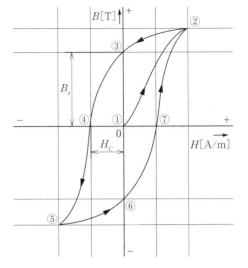

(1) 縦軸に磁束密度 B, 横軸に磁界の強さ H を取ってグラフに描いた曲線を (①) または (②) という。

(2) 右図の特性曲線で, B_r を (③) という。

(3) 右図の特性曲線で, H_c を (④) という。

(4) 右図②〜③〜④〜⑤〜⑥〜⑦〜②のループとなっている部分を (⑤) という。

(5) (3)の部分で消費されるエネルギー損失を (⑥) という。

2 右図の特性曲線について, 次の問いに答えよ。

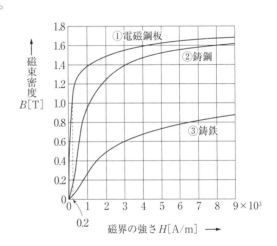

(1) 次の文の( )に適切な用語を入れよ。

鉄心では, 磁界の強さ H が大きくなると磁束密度 B は増加するが, その増加はしだいに緩くなる。この現象を鉄心の ( ) という。

(2) ③の鋳鉄において, $H = 3 \times 10^3 \, \text{A/m}$ のときの透磁率 $\mu \, [\text{H/m}]$ はいくらか。

(3) (1)のときの比透磁率 μ_r はいくらか。

4 電磁誘導と電磁エネルギー （教科書1　p.160〜183）

1 電磁誘導 （教科書1　p.160〜167）

1 次の文の（　）に適切な用語を入れよ。

(1) 磁束の変化によって流れる電流を（①　　　　　），生じる起電力を（②　　　　　）という。

(2) 誘導電流が流れる（③　　　　）について，レンツの法則がある。すなわち，誘導電流は，コイル内の磁束の（④　　　　）をさまたげるような（⑤　　　　）に流れる。

(3) 右手の親指，人差し指，中指をそれぞれ直交するように開き，親指を（⑥　　　　）が移動する向き，人差し指を（⑦　　　　）の方向に向けると，中指の向きは（⑧　　　　）の向きと一致する。このことをフレミングの（⑨　　　　）の法則という。

(4) 表面を（⑩　　　　）した薄い電磁鋼板を積み重ねて層をつくった鉄心を（⑪　　　　）鉄心という。電気機器にこれを用いると，（⑫　　　　）電流損が少なくなる。

ポイント

○運動する直線状導体に生じる誘導起電力
$$e = -Blu\sin\theta\,[\text{V}]$$
θ は磁束に対する導体の運動方向の角

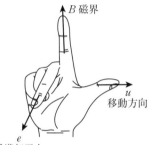

B 磁界

u

移動方向

e

誘導起電力

2 磁束密度 0.8 T の磁界中を，40 cm の導体が磁界と直角の方向に 200 m/s の速さで運動している。導体に発生する誘導起電力 e [V] の大きさはいくらか。

 3 右図のように，磁束密度 0.5 T の磁界中に，30 cm の導体が置かれている。次の問いに答えよ。

(1) 右図(a)のように，磁界に対して 30° の方向に 100 m/s の速さで動かしたときの誘導起電力の大きさ e [V] はいくらか。

(2) 導体を右図(b)の方向に動かしたら，誘導起電力は 2.6 V であったという。導体の速さ u [m/s] はいくらか。

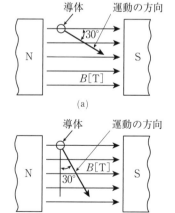

導体　　運動の方向

30°

N　　　　S

$B[\text{T}]$

(a)

導体　　運動の方向

N　　$B[\text{T}]$　　S

30°

(b)

2 インダクタンス （教科書1　p.168〜179）

1 次の文の（　）に適切な用語を入れよ。

(1) コイルに流れる電流の変化と誘導起電力の関係を示すものを
（①　　　　　　　　）という。コイルに流れる電流によって，コ
イル自身に誘導起電力が発生する現象を（②　　　　　　）という。

(2) インダクタンスの直列接続には，一次コイルと二次コイルがつ
くる磁束の向きが同じになる（③　　　　　）接続と，それぞれの磁
束の向きが逆になる（④　　　　）接続がある。

2 50回巻いてあるコイルに発生している磁束が，0.2秒間に一様に
0.5 Wb から 0.3 Wb に変化したとき，発生する誘導起電力 e [V]
の大きさはいくらか。

例題 3 コイルに流れる電流が，2 ms の間に 10 A 変化したとき，100 V
の大きさの誘導起電力が生じた。コイルの自己インダクタンス L
[mH] はいくらか。

4 巻数 50 回のコイルに 5 A の電流を流したとき，2×10^{-3} Wb の
磁束が生じた。コイルの自己インダクタンス L [H] はいくらか。

例題 5 磁路の断面積 5 cm^2，磁路の長さ 1 m，コイルの巻数 500 回，比透
磁率 1 200 とすると，自己インダクタンス L [mH] はいくらか。

6 鉄心の比透磁率 800，磁路の長さ 64 cm，磁路の断面積 2 cm^2 の
環状鉄心を用いて，自己インダクタンス 20 mH のコイルを作りた
い。巻数 N をいくらにすればよいか。

ポイント

○自己誘導起電力の大きさ
$$e = -N\frac{\Delta\Phi}{\Delta t}$$
$$= -L\frac{\Delta I}{\Delta t} \text{[V]}$$

○自己インダクタンス
$$L = \frac{N\Phi}{I} \text{[H]}$$

○環状コイルの自己インダクタンス
$$L = \frac{\mu_0\mu_r AN^2}{l} \text{[H]}$$

○有限長コイルの自己インダクタンス
$$L = \lambda\frac{\mu AN^2}{l} \text{[H]}$$

λ は長岡係数

例題 7 一次コイルの電流が 2 ms の間に 1.6 A 変化したとき，二次コイルに 5 V の大きさの誘導起電力が生じたという。相互インダクタンス M [mH] はいくらか。

8 右図に示すように，一つの環状鉄心に巻かれた二つのコイルがある。$N_1 = 500$ 回，$N_2 = 800$ 回，鉄心の断面積 A は 4×10^{-4} m²，磁路の長さ l は 1.2 m，鉄心の比透磁率は 800 である。次の問いに答えよ。

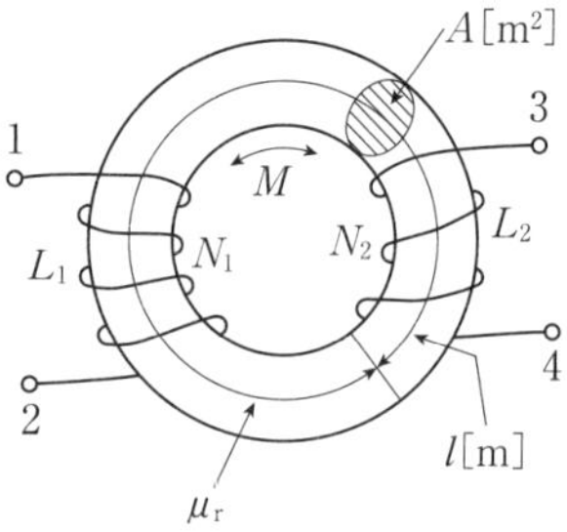

(1) 一次コイルの自己インダクタンス L_1 [mH] を求めよ。

(2) 二次コイルの自己インダクタンス L_2 [mH] を求めよ。

(3) 相互インダクタンス M [mH] を求めよ。

9 一次コイルの自己インダクタンスが 9 mH，二次コイルの自己インダクタンスが 16 mH であるコイルの相互インダクタンス M [mH] を求めよ。ただし，結合係数は 0.8 とする。

10 8 の図において，$L_1 = 10$ mH，$L_2 = 36$ mH，$M = 19$ mH のとき，次の問いに答えよ。

(1) 端子 2 と 3 を接続した場合，和動接続か差動接続のどちらか。また，1-4 間のインダクタンス L_{14} [mH] はいくらか。

(2) 端子 2 と 4 を接続した場合，和動接続か差動接続のどちらか。また，1-3 間のインダクタンス L_{13} [mH] はいくらか。

ポイント

○相互誘導起電力の大きさ
$e = -M \dfrac{\Delta I}{\Delta t}$ [V]

○相互インダクタンス
$M = \dfrac{N_2 \Phi}{I_1}$ [H]

○環状コイルの自己インダクタンスと相互インダクタンス
$L_1 = \dfrac{\mu A N_1^2}{l}$
$L_2 = \dfrac{\mu A N_2^2}{l}$
$M = \dfrac{\mu A N_1 N_2}{l}$

○自己インダクタンスと相互インダクタンスの関係
$M = k\sqrt{L_1 L_2}$ [H]
k は結合係数

○合成インダクタンス
$L = L_1 + L_2 \pm 2M$ [H]

3 **電磁エネルギー** （教科書1 p.180～182）

1 次の文の（　）に適切な用語を入れよ。

(1) コイルに電流が流れているとき，コイル内には（①　　　　）が生じている。この空間を（②　　　　）といい，（③　　　　）がたくわえられている。

(2) コイル内にたくわえられるエネルギーを（④　　　　）エネルギーという。

ポイント

○コイルにたくわえられるエネルギー

$$W = \frac{1}{2}LI^2 \, [\mathrm{J}]$$

○磁界内にたくわえられるエネルギー

$$W = \frac{BH}{2} \cdot Al \, [\mathrm{J}]$$

○単位体積あたりにたくわえられるエネルギー

$$w = \frac{BH}{2} = \frac{\mu H^2}{2} = \frac{B^2}{2\mu}$$
$$[\mathrm{J/m^3}]$$

2 10 H のインダクタンスのコイルに 50 A の電流が流れている。たくわえられる電磁エネルギー $W \, [\mathrm{J}]$ はいくらか。

3 5 A の電流が流れているコイルに 50 J のエネルギーがたくわえられている。コイルの自己インダクタンス $L \, [\mathrm{H}]$ はいくらか。

4 自己インダクタンス 300 mH のコイルに 20 J のエネルギーをたくわえたい。コイルに流すのに必要な電流 $I \, [\mathrm{A}]$ はいくらか。

5 鉄心中の磁束密度が 1.2 T であった。単位体積あたりの電磁エネルギー $w \, [\mathrm{J/m^3}]$ はいくらか。ただし，鉄心の比透磁率は 1 000 とする。

第4章 総合問題

1 次に示す磁気に関する単位は，どのような単位か。

(1) [A]　　（　　　　　　）　(2) [Wb]　（　　　　　　）

(3) [A/m]（　　　　　　）　(4) [H/m]（　　　　　　）

(5) [H]　　（　　　　　　）　(6) [T]　　（　　　　　　）

2 次に示す磁気に関する量記号には，どのような記号を用いるか。

(1) 起 磁 力 （　　　）　(2) 磁界の大きさ　　（　　　）

(3) 磁　　束 （　　　）　(4) 磁極の強さ　　　（　　　）

(5) 磁気抵抗 （　　　）　(6) インダクタンス（　　　）

(7) 磁束密度 （　　　）　(8) 透 磁 率　　　　（　　　）

3 真空中に 6×10^{-5} Wb と -4×10^{-3} Wb の磁極が離れてて置かれており，両磁極間に働く力が 1.52 N であるという。磁極間の距離 r [cm] はいくらか。

4 直径 80 cm，巻数 50 回の円形コイルに 5 A の電流を流し，コイルの中心に 4×10^{-3} Wb の磁極を置いたとき，磁界の大きさ H [A/m] と，この磁極に働く力 F [N] はいくらか。

5 磁路の長さ 120 cm，鉄心の断面積の半径 2 cm，透磁率 3.5×10^{-4} H/m，コイルの巻数 2 000 回の磁気回路に 10 A の電流を流している。次の問いに答えよ。

(1) 磁気抵抗 R_m [H^{-1}] はいくらか。

(2) 磁束 Φ [Wb] はいくらか。

(3) 磁束密度 B [T] はいくらか。

電気回路1・2　演習ノート

解　答　編　　　　実教出版株式会社

記載のページは演習ノートのページです。

第1章　電気回路の要素

(p.4)　**1**　電気回路の電流と電圧

(p.4)　1　電気回路の電流

1(1)　①原子核　②電子　③中性

(2)　④価電子　⑤自由電子

(3)　⑥電気量(電荷)　⑦C　⑧秒

(4)　⑨電流　⑩出る　⑪連続性

(5)　⑫直流　⑬交流

2(1)　$Q = 1.602 \times 10^{-19} \times 30 \times 10^8$

$= 4.806 \times 10^{-10}$ C

(2)　$I = \dfrac{Q}{t} = \dfrac{4.806 \times 10^{-10}}{60} = 8.01 \times 10^{-12}$ A

(p.5)　2　電気回路の構成　3　電気回路の電圧

1(1)　①電源　②負荷

(2)　③電位　④電圧　⑤起電力

2①R_4　②R_2　③R_3(②, ③は順不同)

3(1)　$V_2 = 1.5$ V, $V_3 = 3.0$ V, $V_4 = 4.5$ V

(2)　$V_5 = -1.5$ V, $V_7 = 1.5$ V, $V_8 = 4.5$ V

(3)　$V_{21} = 1.5$ V, $V_{41} = 4.5$ V

(4)　$V_{85} = V_8 - V_5 = 4.5 - (-1.5) = 6.0$ V

(5)　$V_{48} = V_4 - V_8 = 4.5 - 4.5 = 0$ V

(p.6)　4　電気回路の測定

1(1)　①直列

(2)　②並列

2(1)　①-3　(2)　②1　(3)　③-7

(4)　④4　(5)　⑤0　⑥-3

(6)　⑦1　⑧4　(7)　⑨70　⑩4

(8)　⑪-4　⑫-1　(9)　⑬6　⑭3

(10)　⑮-2　⑯4　(11)　⑰3　⑱5

(12)　⑲3　⑳-3　㉑7

3(1)　$R_A = \dfrac{V}{I} = \dfrac{20}{4} = 5$ Ω

(2)　$R_B = \dfrac{V}{I} = \dfrac{20}{2} = 10$ Ω

(3)　$R_C = \dfrac{V}{I} = \dfrac{80}{2} = 40$ Ω

4(1)　$I = 1.5$ A

(2)　$R_1 = \dfrac{30}{1.5} = 20$ Ω

(3)　$V = 20 \times 3 = 60$ V

(p.7)　**2**　抵抗器・コンデンサ・コイル

(p.7)　1　抵抗器　2　コンデンサ　3　コイル

1(1)　①電流　②電圧　③熱

(2)　④たくわえる　⑤電圧　⑥ノイズ

⑦直流　⑧交流

(3)　⑨磁石　⑩電流　⑪ノイズ

⑫変圧　⑬直流　⑭交流

2(1)　コンデンサ回路の電流　$I = \dfrac{E}{R} = \dfrac{8}{2} = 4$ A

コイル回路の電流は, コイル未接続と同等の

ため, $I = 0$ A

(2)　コンデンサ回路の電流は, 電荷がたまること

で電流が流れなくなるため, $I = 0$ A

コイル回路の電流は, コイルが導線(0 Ω)と

考えてよいため, $I = \dfrac{E}{R} = \dfrac{8}{2} = 4$ A

(p.8)　第1章　総合問題

1(1)　7.94×10^6

(2)　5.23×10^7

(3)　7.5×10^{-5}

(4)　4.19×10^{-4}

2　$I = \dfrac{Q}{t} = \dfrac{150 \times 10^{-3}}{5} = 0.03$ A $= 30 \times 10^{-3}$ A

$= 30$ mA $= 30\,000 \times 10^{-6}$ A $= 30\,000$ μA

3　$I = \dfrac{E}{R} = \dfrac{100}{10 \times 10^3} = 0.01$ A $= 10 \times 10^{-3}$A $= 10$ mA

4　$V_A = E$ [V]　　　$V_B = E$ [V]

$V_C = 0$ V　　　$V_D = 0$ V

$V_{BC} = V_B - V_C = E$ [V]

第2章　直流回路

(p.9) **1** 直流回路

(p.9) **1** オームの法則

1(1) ①オーム　②Ω

(2) ③ジーメンス　④S　⑤流れやすさ

(3) ⑥$\dfrac{V}{R}$

2(1) $I = \dfrac{V}{R} = \dfrac{100}{25} = 4\,\text{A}$

(2) $I = \dfrac{5}{25} = 0.2\,\text{A}$

(3) $I = \dfrac{300 \times 10^{-3}}{25} = 1.2 \times 10^{-2}\,\text{A}\,(= 12\,\text{mA})$

3(1) $R = \dfrac{V}{I} = \dfrac{100}{8} = 12.5\,\Omega$

(2) $R = \dfrac{100}{50 \times 10^{-3}} = 2 \times 10^{3}\,\Omega$

(3) $R = \dfrac{100}{20 \times 10^{-6}} = 5 \times 10^{6}\,\Omega$

4(1) $V = RI = 200 \times 0.8 = 160\,\text{V}$

(2) $V = 200 \times 25 \times 10^{-3} = 5\,000 \times 10^{-3} = 5\,\text{V}$

(3) $V = 200 \times 100 \times 10^{-6} = 20\,000 \times 10^{-6}$
$= 20\,\text{mV} = 0.02\,\text{V}$

5(1) $G = \dfrac{1}{R} = \dfrac{1}{10} = 0.1\,\text{S}$

(2) $G = \dfrac{1}{50} = 0.02\,\text{S}$

(3) $G = \dfrac{1}{2 \times 10^{3}} = 0.5 \times 10^{-3} = 0.000\,5\,\text{S}$

(p.10) **2** 抵抗の直列接続

1 ①直列　②等し　③和　④分圧　⑤電圧降下

2 $R = R_1 + R_2 + R_3 = 20 + 30 + 40 = 90\,\Omega$

3 $R = 1\,000 + 3\,000 + 700 = 4\,700\,\Omega = 4.7\,\text{k}\Omega$

4(1) $R = 4 + 8 = 12\,\Omega$, $I = \dfrac{30}{12} = 2.5\,\text{A}$

(2) $V_{ab} = 4 \times 2.5 = 10\,\text{V}$
$V_{bc} = 8 \times 2.5 = 20\,\text{V}$

5(1) $R = \dfrac{100}{5 \times 10^{-3}} = 20\,\text{k}\Omega$

(2) $R_2 = 20 - (2 + 12) = 6\,\text{k}\Omega$

(3) $V_{ab} = 2 \times 10^{3} \times 5 \times 10^{-3} = 10\,\text{V}$
$V_{bc} = 6 \times 10^{3} \times 5 \times 10^{-3} = 30\,\text{V}$
$V_{cd} = 12 \times 10^{3} \times 5 \times 10^{-3} = 60\,\text{V}$

(p.11) **3** 抵抗の並列接続

1 ①並列　②和　③分流　④逆数

2 $R = \dfrac{20 \times 30}{20 + 30} = \dfrac{600}{50} = 12\,\Omega$

3(1) $R_s = 30 + 30 = 60\,\Omega$

(2) $R_p = \dfrac{30 \times 30}{30 + 30} = \dfrac{900}{60} = 15\,\Omega$

4 $R = \dfrac{1}{\dfrac{1}{R_1} + \dfrac{1}{R_2} + \dfrac{1}{R_3}}$ より

$R = \dfrac{1}{\dfrac{1}{20} + \dfrac{1}{25} + \dfrac{1}{50}} = \dfrac{1}{\dfrac{5+4+2}{100}} = \dfrac{1}{\dfrac{11}{100}}$

$= \dfrac{100}{11} = 9.09\,\Omega$

5(1) $I_1 = I \times \dfrac{R_2}{R_1 + R_2} = 40 \times \dfrac{10}{30 + 10} = 10\,\text{A}$

(2) $I_2 = I - I_1 = 40 - 10 = 30\,\text{A}$

(3) $R = \dfrac{30 \times 10}{30 + 10} = \dfrac{300}{40} = 7.5\,\Omega$

(4) $V = RI = 7.5 \times 40 = 300\,\text{V}$
または, $V = R_1 I_1 = 30 \times 10 = 300\,\text{V}$

6(1) $R = \dfrac{6 \times 3}{6 + 3} = \dfrac{18}{9} = 2\,\Omega$

(2) 並列回路の電流は抵抗に反比例するので,
$\dfrac{R_1}{R_2} = 2$　　$\dfrac{I_1}{I_2} = \dfrac{1}{2}$
$I_2 = 2I_1 = 2 \times 2 = 4\,\text{A}$
したがってIは, $I = I_1 + I_2 = 2 + 4 = 6\,\text{A}$

(3) $V = RI = 2 \times 6 = 12\,\text{V}$

7(1) $I_1 = \dfrac{24}{4} = 6\,\text{A}$, $I_2 = \dfrac{24}{6} = 4\,\text{A}$
$I = I_1 + I_2 = 6 + 4 = 10\,\text{A}$

(2) $R = \dfrac{V}{I} = \dfrac{24}{10} = 2.4\,\Omega$

8(1) $I_2 = \dfrac{4 \times 10^{3} \times 5 \times 10^{-3}}{5 \times 10^{3}}$
$= 4\,\text{mA}$

(2) $R_3 = \dfrac{4 \times 10^{3} \times 5 \times 10^{-3}}{2 \times 10^{-3}} = 10 \times 10^{3}$
$= 10\,\text{k}\Omega$

$R = \dfrac{V}{I} = \dfrac{20}{11 \times 10^{-3}} = 1.82 \times 10^{3}$
$= 1.82\,\text{k}\Omega$

9(1) 合成抵抗 $R = \dfrac{1}{1 + \dfrac{1}{3} + \dfrac{1}{6}} = \dfrac{2}{3}\,\Omega$

$I : I_1 = \dfrac{1}{R} : \dfrac{1}{R_1}$　　$18 : I_1 = \dfrac{3}{2} : 1$
$I_1 = 12\,\text{A}$

$I : I_2 = \dfrac{1}{R} : \dfrac{1}{R_2}$　　$18 : I_2 = \dfrac{3}{2} : \dfrac{1}{3}$
$I_2 = 4\,\text{A}$

$I_3 = 18 - (12 + 4) = 2\,\text{A}$

(2) $V = 18 \times \dfrac{2}{3} = 12\,\text{V}$

2

1(1) $R = 16 + \dfrac{60 \times 40}{60 + 40} = 16 + 24 = \mathbf{40\ \Omega}$

(2) $I = \dfrac{100}{40} = \mathbf{2.5\ A}$

$I_1 = \dfrac{40}{60 + 40} \times 2.5 = \mathbf{1\ A}$

(3) $V_{ab} = 60 \times 1 = \mathbf{60\ V}$　または，

$40 \times 1.5 = \mathbf{60\ V}$

2(1) $R = \dfrac{30 \times (10 + 20)}{30 + (10 + 20)} = \mathbf{15\ k\Omega}$

(2) $I = \dfrac{60}{15 \times 10^3} = \mathbf{4\ mA}$, $I_1 = \dfrac{4}{2} = \mathbf{2\ mA}$

3(1) $V_{ab} = 4 \times 1 = \mathbf{4\ V}$, $V_{bc} = 4 \times 1 = \mathbf{4\ V}$

$V_{ac} = V_{ab} + V_{bc} = 4 + 4 = \mathbf{8\ V}$

(2) $R = \dfrac{2}{3} \times 2 + \dfrac{(4+4) \times 4}{(4+4) + 4} = \dfrac{4}{3} + \dfrac{32}{12} = \dfrac{48}{12} = \mathbf{4\ \Omega}$

(3) $I_2 = \dfrac{8}{4} = \mathbf{2\ A}$, $I = I_1 + I_2 = 1 + 2 = \mathbf{3\ A}$

(4) $E = RI = 4 \times 3 = \mathbf{12\ V}$

4(1) $V_{ab} = \dfrac{10}{2 \times 10^3} \times 1 \times 10^3 + 10 = \mathbf{15\ V}$

(2) $I = \dfrac{10}{2 \times 10^3} + \dfrac{15}{2 \times 10^3} = \mathbf{12.5\ mA}$

(3) $E = V_{ab} + 2 \times 10^3 \times 12.5 \times 10^{-3}$

$= 15 + 25 = \mathbf{40\ V}$

5(1) (i) $R' = 2 + \dfrac{10 \times 15}{10 + 15} = 2 + \dfrac{150}{25} = \mathbf{8\ \Omega}$

$R = \dfrac{8R'}{8 + R'} = \dfrac{8 \times 8}{8 + 8} = \mathbf{4\ \Omega}$

(ii) $I = \dfrac{20}{4} = \mathbf{5\ A}$, $I_1 = \dfrac{20}{8} = \mathbf{2.5\ A}$

$I_2 = I - I_1 = 5 - 2.5 = \mathbf{2.5\ A}$

$I_3 = \dfrac{10}{10 + 15} \times 2.5 = \dfrac{25}{25} = \mathbf{1\ A}$

$I_4 = 2.5 - 1 = \mathbf{1.5\ A}$

(iii) $V_{ab} = 10 \times 1.5 = \mathbf{15\ V}$

(2) (i)

(ii) $R = \dfrac{8 \times 2}{8 + 2} = \dfrac{16}{10} = \mathbf{1.6\ \Omega}$

(iii) $I = \dfrac{20}{1.6} = \mathbf{12.5\ A}$

6　$2\,\Omega$，$12\,\Omega$，$R\,[\Omega]$ の枝路の合成抵抗を R' とすると

$4 = \dfrac{8 \times R'}{8 + R'}$　　$8R' = 4(8 + R') = 32 + 4R'$

$4R' = 32$　　$R' = \dfrac{32}{4} = 8\ \Omega$

$\dfrac{12 \times R}{12 + R} + 2 = 8$　　$\dfrac{12R}{12 + R} = 6$

$12R = 6(12 + R)$　　$R = \dfrac{72}{6} = \mathbf{12\ \Omega}$

7　ab 間の合成抵抗が $10\,\Omega$ なので，$8\,\Omega$，$18\,\Omega$ と $R\,[\Omega]$ の合成抵抗は $20\,\Omega$ であればよい（前問参照）。

$\dfrac{18R}{18 + R} = 20 - 8 = 12$

$18R = (18 + R)12 = 216 + 12R$

$18R - 12R = 216$

$6R = 216$　　$R = \mathbf{36\ \Omega}$

8　右から順に，分岐点のあとの合成抵抗を求めていくと，すべて $1\,\Omega$ である。

よって，$R = \mathbf{1\ \Omega}$

9　$2 + 3 + 2 = \mathbf{7\ \Omega}$　（端末の合成抵抗は $3\,\Omega$）

1(1) ①並列　②分流器　③拡大

(2) ④倍率　⑤R_s　⑥$m-1$

2　$m = \dfrac{I}{I_a} = \dfrac{20}{5} = \mathbf{4}$

3(1) ①直列　②直列抵抗器　③拡大

(2) ④電源　⑤倍率　⑥r_v　⑦$m-1$

4　$R_m = r_v(m-1) = 100(5-1) = \mathbf{400\ k\Omega}$

1　合成抵抗　$R = \dfrac{1}{\dfrac{1}{4} + \dfrac{1}{8}} = \dfrac{8}{3}\ \Omega$

電流　$I = \dfrac{V}{R} = \dfrac{48}{\dfrac{8}{3}} = \mathbf{18\ A}$

電圧　$V_{ab} = V_a - V_b = \dfrac{3}{5 + 3} \times 48 - \dfrac{1}{3 + 1} \times 48$

$= \mathbf{6\ V}$

点 a のほうが 6 V 高い。

2(1) $R_x = \dfrac{6 \times 16}{4} = \mathbf{24\ \Omega}$

(2) $V_a = \dfrac{24}{6 + 24} \times 6 = \dfrac{144}{30} = \mathbf{4.8\ V}$

$V_b = \dfrac{16}{4 + 16} \times 6 = \dfrac{96}{20} = \mathbf{4.8\ V}$

$V_{ab} = V_a - V_b = 4.8 - 4.8 = \mathbf{0\ V}$

(3) $R = \dfrac{(4 + 16) \times (6 + 24)}{(4 + 16) + (6 + 24)} = \dfrac{600}{50} = \mathbf{12\ \Omega}$

(4) $R = \dfrac{4 \times 6}{4 + 6} + \dfrac{16 \times 24}{16 + 24} = \dfrac{24}{10} + \dfrac{384}{40}$

$= \dfrac{480}{40} = \mathbf{12\ \Omega}$

3(1) $V_a = \dfrac{100}{100 + 100} \times 2 = \mathbf{1\ V}$

(2) $V_b = \dfrac{20}{30 + 20} \times 2 = \dfrac{40}{50} = \mathbf{0.8\ V}$

(3) $V_{ab} = V_a - V_b = 1 - 0.8 = \mathbf{0.2\ V}$

1(1) ① n ② nr

(2) ③ E ④ $\dfrac{r}{n}$

2(1) $I = \dfrac{1.6}{19.5+0.5} = 0.08\,\mathrm{A}$

(2) $V' = 0.5 \times 0.08 = 0.04\,\mathrm{V}$

3(1) $R_0 = \dfrac{V}{I} = \dfrac{2.2 \times 3}{1.1} = \dfrac{6.6}{1.1} = 6\,\Omega$

$R = R_0 - nr = 6 - (3 \times 0.2) = 5.4\,\Omega$

(2) $R_0 = 1.4 + (3 \times 0.2) = 2\,\Omega$

$I = \dfrac{6.6}{2} = 3.3\,\mathrm{A},\ V = 3.3 \times 1.4 = 4.62\,\mathrm{V}$

4(1) $r_0 = \dfrac{r}{n} = \dfrac{0.3}{3} = 0.1\,\Omega$

(2) $I = \dfrac{E}{R + \dfrac{r}{n}} = \dfrac{1.5}{1.4+0.1} = \dfrac{1.5}{1.5} = 1\,\mathrm{A}$

(p.19) **7** キルヒホッフの法則

1(1) ①電流 ②電圧

(2) ③流れ込む ④総和

(3) ⑤閉 ⑥起電力 ⑦電圧

2(1) $I_1 + I_2 - I_3 - I_4 = 0\ (I_1 + I_2 = I_3 + I_4)$

(2) $I + 25 - 20 - 5 - 10 - 4 = 0$

$I = 39 - 25 = 14\,\mathrm{A}$

3(1) 点 a では, $I_1 + I_3 = I_4\ (I_1 + I_3 - I_4 = 0)$

点 b では, $I_2 = I_3 + I_5\ (I_2 - I_3 - I_5 = 0)$

(2) $I_1 = I_4 - I_3 = 10 - 4 = 6\,\mathrm{A}$

$I_5 = I_2 - I_3 = 12 - 4 = 8\,\mathrm{A}$

$I = I_4 + I_5 = 10 + 8 = 18\,\mathrm{A}$

4 $10I + 20I = 6 - 2 = 4$

5(1) 点 a では, $I_1 + I_3 = I_2\ (I_1 + I_3 - I_2 = 0)$

点 b では, $I_2 = I_1 + I_3\ (-I_1 + I_2 - I_3 = 0)$

(2) ① $-$ ② $+$ ③ $+$ ④ $-$

6(1) ① $+$ ② I_3

(2) ③ $2I_3$

(3) ④ $-$ ⑤ $2I_3$

(4) $\begin{cases} I_1 = I_2 + I_3 & \cdots\cdots\langle 1 \rangle \\ 3I_1 + 2I_3 = 11 & \cdots\cdots\langle 2 \rangle \\ 2I_2 - 2I_3 = 2 & \cdots\cdots\langle 3 \rangle \end{cases}$

$\langle 2 \rangle$式に$\langle 1 \rangle$式を代入すると

$3(I_2 + I_3) + 2I_3 = 11$

$3I_2 + 5I_3 = 11 \quad \cdots\cdots\langle 2 \rangle'$

$\langle 2 \rangle' \times 2 - \langle 3 \rangle \times 3$

$6I_2 + 10I_3 = 22$

$\underline{-)\ 6I_2 - 6I_3 = 6}$

$16I_3 = 16 \quad I_3 = 1$

$I_3 = 1\,\mathrm{A}$ を$\langle 3 \rangle$式に代入すると

$2I_2 - 2 = 2 \quad 2I_2 = 4 \quad I_2 = 2$

$I_3 = 1,\ I_2 = 2$ を$\langle 1 \rangle$式に代入すると

$I_1 = 2 + 1 = 3$

$I_1 = 3\,\mathrm{A},\ I_2 = 2\,\mathrm{A},\ I_3 = 1\,\mathrm{A}$

7 $I_1 + I_2 = I_3 \quad\cdots\cdots\langle 1 \rangle$

$2I_1 - I_2 = 4 - 2 \quad\cdots\cdots\langle 2 \rangle$

$I_2 + 2I_3 = 2 \quad\cdots\cdots\langle 3 \rangle$

$\langle 3 \rangle$式に$\langle 1 \rangle$式を代入すると

$I_2 + 2(I_1 + I_2) = 2$

$2I_1 + 3I_2 = 2 \quad\cdots\cdots\langle 3 \rangle'$

$\langle 2 \rangle \times 3 + \langle 3 \rangle'$ を求めると

$6I_1 - 3I_2 = 6$

$\underline{+)\ 2I_1 + 3I_2 = 2}$

$8I_1 = 8 \quad I_1 = 1\,\mathrm{A}$

$\langle 2 \rangle$式に $I_1 = 1\,\mathrm{A}$ を代入すると

$2 - I_2 = 2 \quad I_2 = 0$

$\langle 1 \rangle$式から

$I_3 = I_1 + I_2 = 1 + 0 = 1\,\mathrm{A} \quad I_3 = 1\,\mathrm{A}$

$I_1 = 1\,\mathrm{A},\ I_2 = 0\,\mathrm{A},\ I_3 = 1\,\mathrm{A}$

8(1) $I_1 + I_2 = I_3 \quad\cdots\cdots\langle 1 \rangle$

$2I_2 + 2I_3 = 6 \quad\cdots\cdots\langle 2 \rangle$

$(4+2)I_1 + 2I_3 = 10 \quad\cdots\cdots\langle 3 \rangle$

$\langle 1 \rangle$式を変形して$\langle 2 \rangle$式に代入すると

$I_2 = I_3 - I_1 \quad\cdots\cdots\langle 1 \rangle'$

$2(I_3 - I_1) + 2I_3 = 6$

$-2I_1 + 4I_3 = 6 \quad\cdots\cdots\langle 2 \rangle'$

$\langle 2 \rangle' \times 3 + \langle 3 \rangle$ を求めると

$-6I_1 + 12I_3 = 18$

$\underline{+)\ 6I_1 + 2I_3 = 10}$

$14I_3 = 28 \quad I_3 = 2\,\mathrm{A}$

$I_3 = 2\,\mathrm{A}$ を$\langle 2 \rangle$式に代入すると

$2I_2 + 2 \times 2 = 6 \quad 2I_2 = 2 \quad I_2 = 1\,\mathrm{A}$

$I_2 = 1,\ I_3 = 2$ を$\langle 1 \rangle$式に代入すると

$I_1 = I_3 - I_2 = 2 - 1 = 1\,\mathrm{A}$

$I_1 = 1\,\mathrm{A},\ I_2 = 1\,\mathrm{A},\ I_3 = 2\,\mathrm{A}$

(2) $V_{ab} = 2 \times I_3 = 2 \times 2 = 4\,\mathrm{V}$ または

$V_{ab} = 6 - (2 \times 1) = 4\,\mathrm{V}$

(p.22) ②　電力と熱

(p.22) 1　電流の発熱作用

1(1)　①ジュール熱

(2)　②ジュール熱　③Rt　④ジュール

(3)　⑤比熱　⑥$M(T_2 - T_1)$

2　$Q = I^2Rt = 5^2 \times 20 \times 30 \times 60$

$= 900\,000\,\text{J} = 9 \times 10^5\,\text{J}$

3　$Q = I^2Rt = \left(\dfrac{100}{10}\right)^2 \times 10 \times 60 \times 60$

$= 3\,600\,000\,\text{J} = 3.6 \times 10^6\,\text{J}$

4　$Q = 4.19 \times 10^3 MT$

$= 4.19 \times 10^3 \times 10 \times (100 - 10)$

$= 3\,771\,000\,\text{J} = 3.77 \times 10^6\,\text{J}$

5(1)　$Q = I^2Rt = 6^2 \times \left(\dfrac{100}{6}\right) \times 30 \times 60$

$= 1\,080\,000\,\text{J} = 1.08 \times 10^6\,\text{J}$

(2)　$Q = 4.19 \times 10^3 MT$

$T = \dfrac{1\,080\,000}{4.19 \times 10^3 \times 10} = 25.8$

上昇した水の温度を T' とすると

$T' = T + 15 = 25.8 + 15 = 40.8\,°\text{C}$

(p.23) 2　電力と電力量

1(1)　①ワット　②W

(2)　③3 600　④3 600

(3)　⑤時間

2　$P = VI = 100 \times 2 = 200\,\text{W}$

3　(ウ)

$R = \dfrac{V_{100}{}^2}{P} = \dfrac{100^2}{1\,000} = 10\,Ω$

$P_{110} = \dfrac{V_{110}{}^2}{R} = \dfrac{110^2}{10} = \dfrac{12\,100}{10} = 1\,210\,\text{W}$

$= 1.2\,\text{kW}$

4(1)　$R = \dfrac{V^2}{P} = \dfrac{100 \times 100}{600} = \dfrac{100}{6} = 16.7\,Ω$

(2)　$600 \times 10 = 6\,000\,\text{W·h} = 6\,\text{kW·h}$

5　$h = \dfrac{1\,000}{40} = 25\,$時間

6(1)　$600 \times 1.5 = 900\,\text{W·h}$

$900 \times 60 \times 60 = 3\,240\,000\,\text{W·s}$

$= 3.24 \times 10^6\,\text{W·s}$

(2)　$900 \times 30 = 27\,\text{kW·h}$

7　水を $100\,°\text{C}$ に上昇させるのに要する熱エネルギー Q は，

$Q = 4.19 \times 10^3 MT$

$= 4.19 \times 10^3 \times 10(100 - 20)$

$= 3.352 \times 10^6\,\text{J}$

一方，電熱線から発生する熱エネルギー $Q = Pt$ から

$t = \dfrac{Q}{P} = \dfrac{3.352 \times 10^6}{500} = 6\,704\,\text{s}$

$\dfrac{6\,704}{60} = 112\,$分

(p.24) 3　温度上昇と許容電流

1(1)　①等し　②上昇　③放出

(2)　④劣化　⑤最高使用温度　⑥40

⑦最高周囲温度

(3)　⑧許容　⑨35　⑩許容電力

2　①27　②48　③7　④12

3　$P = I^2R = (200 \times 10^{-3})^2 \times 600 = 24\,\text{W}$

4　$I = \sqrt{\dfrac{P}{R}} = \sqrt{\dfrac{1}{600}} = 0.040\,8\,\text{A} = 40.8\,\text{mA}$

5　$R = 3\,000 + 1\,000 = 4\,000\,Ω = 4\,\text{kΩ}$

$I_1 = \sqrt{\dfrac{P_1}{R_1}} = \sqrt{\dfrac{2}{3\,000}} = 0.025\,8\,\text{A}$

$= 25.8\,\text{mA}$

$I_2 = \sqrt{\dfrac{P_2}{R_2}} = \sqrt{\dfrac{1}{1\,000}} = 0.031\,6\,\text{A}$

$= 31.6\,\text{mA}$

直列接続の場合は，許容電流の小さいほうを採用する。

したがって，許容電流は $25.8\,\text{mA}$

(p.25) 4　電気回路の安全

1(1)　①遮断　②ヒューズ　③配線用遮断器

(2)　④接触抵抗　⑤ジュール熱

(3)　⑥必要　⑦電流　⑧吸収電流　⑨漏れ電流

⑩絶縁抵抗　⑪絶縁抵抗計

(4)　⑫接地

2　$I_0 = \dfrac{V}{R} = \dfrac{500}{5 \times 10^6} = 0.1 \times 10^{-3}$

$I_0 = 0.1\,\text{mA}$

3　$R = \dfrac{V}{I_0} = \dfrac{3}{30 \times 10^{-3}} = 100\,Ω$

(p.26) 5　熱と電気

1(1)　①熱電対　②起電力　③ゼーベック効果

④熱起電力　⑤熱電流　⑥温

⑦冷　⑧中間金属　⑨熱電温度計

(2)　⑩接合　⑪発生　⑫ペルチエ

⑬電子冷熱装置

(3)　⑭トムソン

(p.27) ③　電気抵抗

(p.27) 1　抵抗率と導電率

1(1)　①抵抗率　②$ρ$（ロー）

③$Ω\text{·m}$（オームメートル）

5

(2) ④導電率　⑤σ（シグマ）
　　⑥S/m（ジーメンス毎メートル）

2(1) $R = 1.47 \times 10^{-8} \times \dfrac{10 \times 10^{-2}}{3 \times 10^{-2} \times 2 \times 10^{-2}}$

$= 1.47 \times \dfrac{10}{6} \times 10^{-6} = 2.45 \times 10^{-6}\,\Omega$

(2) $R = 1.47 \times 10^{-8} \times \dfrac{3 \times 10^{-2}}{10 \times 10^{-2} \times 2 \times 10^{-2}}$

$= 1.47 \times \dfrac{3}{20} \times 10^{-6} = 2.21 \times 10^{-7}\,\Omega$

3(1) $\rho = \dfrac{A}{l} \cdot R = \dfrac{\pi}{4} \times (0.55 \times 10^{-3})^2 \times 1.91$

$= 4.54 \times 10^{-7}\,\Omega \cdot m$

$\sigma = \dfrac{1}{\rho} = \dfrac{1}{4.54 \times 10^{-7}} = 2.2 \times 10^6\,S/m$

(2) $1 : l = 1.91 : 10$

$1.91l = 10 \qquad l = \dfrac{10}{1.91} = 5.24\,m$

4(1) $R = \rho \dfrac{l}{A}$ から

$R_1 = \rho \dfrac{2l}{\frac{1}{2}A} = \rho \dfrac{4l}{A} = 4 \cdot \rho \dfrac{l}{A} = 4R$

4 倍

(2) $R_2 = \rho \dfrac{2l}{\left(\frac{1}{2}\right)^2 A} = \rho \dfrac{8l}{A} = 8 \cdot \rho \dfrac{l}{A} = 8R$

8 倍

5(1) $R_{Cu} = 1.72 \times 10^{-8} \times \dfrac{1}{2 \times 10^{-6}}$

$= 8.6 \times 10^{-3}\,\Omega$

$R_{Fe} = 9.8 \times 10^{-8} \times \dfrac{1}{2 \times 10^{-6}} = 4.9 \times 10^{-2}\,\Omega$

(2) $(8.6 \times 10^{-3}) \div 4.9 \times 10^{-2} = 0.176\,m$

6(1) ①導体　②絶縁体　③導電材料
　　④電気絶縁材料

(2) ⑤半導体　⑥低

（p.28）　**2**　抵抗温度係数

1(1) $R_{50} = 10\{1 + 0.003\,8(50 - 20)\}$

$= 10\{1 + (0.003\,8 \times 30)$

$= 10 \times 1.114$

$= 11.14\,\Omega$

(2) $R_{50} = 10\{1 + 0.003\,9(50 - 20)\}$

$= 10\{1 + (0.003\,9 \times 30)\} = 10 \times 1.117$

$= 11.17\,\Omega$

(3) $R_{50} = 10\{1 + 0.000\,03(50 - 20)\}$

$= 10\{1 + (0.000\,03 \times 30)\}$

$= 10 \times 1.000\,9$

$= 10.009\,\Omega$

2(1) $\alpha_{10} = \dfrac{0.004\,27}{1 + 0.004\,27 \times 10} = 0.004\,10\,°C^{-1}$

(2) $\alpha_{30} = \dfrac{0.004\,27}{1 + 0.004\,27 \times 30} = 0.003\,79\,°C^{-1}$

3(1) $\alpha_{20} = \dfrac{5\,450 - 5\,250}{(30 - 20) \times 5\,250} = \dfrac{200}{52\,500}$

$= 0.003\,81\,°C^{-1}$

(2) $R_{50} = 5\,250\{1 + 0.003\,81(50 - 20)\}$

$= 5\,250(1 + 0.114\,3) = 5\,850\,\Omega$

（p.29）　**3**　抵抗器

1(1) ①固定　②可変　③巻線　④皮膜
　　⑤固定体　⑥サーミスタ　⑦バリスタ

(2) ⑧色の帯　⑨抵抗許容差

2①黒　②赤　③黄　④青　⑤灰
　⑥N　⑦G　⑧B　⑨P　⑩L

3(1) $1\,k\Omega \pm 5\,\%$

(2) $33\,\Omega \pm 5\,\%$

(3) $1\,k\Omega$

(4) $475\,k\Omega$

（p.30）　**4**　電流の化学作用と電池

（p.30）　**1**　電流の化学作用

1(1) ①電気

(2) ②電気　③$\dfrac{1}{n}$

(3) ④$\dfrac{A}{n} \cdot \dfrac{It}{96\,500}$

2　$Q = It = 5 \times 60 \times 60 = 1.8 \times 10^4\,C$

3　$t = \dfrac{n}{A} \cdot \dfrac{96\,500 \times w}{I} = \dfrac{1}{107.9} \cdot \dfrac{96\,500 \times 2}{4}$

$= 447.2\,秒 = 7.45\,分$

4　$w = \dfrac{63.5}{2} \times \dfrac{5 \times 2 \times 60 \times 60}{96\,500} = 11.8\,g$

5　$w = 107.9 \times \dfrac{3 \times 30 \times 60}{96\,500} = 6.04\,g$

（p.31）　**2**　電池

1(1) ①一次　②充電　③二次

(2) ④正　⑤負　⑥合剤　⑦1.5

(3) ⑧化学　⑨電気

2(1) $I = \dfrac{0.15 \times 10}{1.5} = 1\,A$

(2) $w = \dfrac{65.4}{2} \times \dfrac{1 \times 60 \times 60}{96\,500} = 1.22\,g$

(3) $t = \dfrac{10}{1.22} = 8.2\,h$

3 $R = \dfrac{1.9}{0.25} = 7.6\ \Omega$

$r = \dfrac{2.0 - 1.9}{0.25} = \dfrac{0.1}{0.25} = 0.4\ \Omega$

(p.32) 第2章 総合問題

1 $R = \dfrac{10}{20 \times 10^{-3}} = 500\ \Omega,\quad I = \dfrac{8}{500} = 16\ \text{mA}$

2 $R = 3 + \dfrac{3 \times 6}{3 + 6} + 7 = 3 + 2 + 7 = 12\ \Omega$

$V = 12 \times 2 = 24\ \text{V},\quad V_{ab} = 2 \times 2 = 4\ \text{V}$

3 $I_1 : I_2 = 1 : 4$ より $R_1 : R_2 = 4 : 1$

$R_1 = 4R_2$

合成抵抗 R は $R = \dfrac{100}{10} = 10\ \Omega$

$10 = \dfrac{R_1 \times R_2}{R_1 + R_2} = \dfrac{4R_2 \times R_2}{4R_2 + R_2} = \dfrac{4R_2^{\,2}}{5R_2} = \dfrac{4}{5}R_2$

$10 = \dfrac{4}{5}R_2 \quad R_2 = \dfrac{50}{4} = 12.5\ \Omega$

$R_1 = 4 \times 12.5 = 50\ \Omega$

4 S を閉じているときの電流は

$I = \dfrac{V}{1 + \dfrac{2R_2}{2 + R_2}} = \dfrac{2 + R_2}{2 + 3R_2}V$

S を開いているときの電流は $I' = \dfrac{V}{1 + 2} = \dfrac{V}{3}$

題意より, $I = 2I'$ よって,

$\dfrac{2 + R_2}{2 + 3R_2}V = 2 \times \dfrac{V}{3}$

$3(2 + R_2) = 2(2 + 3R_2)$

$6 + 3R_2 = 4 + 6R_2$

$3R_2 = 2$

$R_2 = \dfrac{2}{3}\ \Omega$

5 (1) $I_1 = \dfrac{14}{42 + 14} \times 20 = \dfrac{14 \times 20}{56} = 5\ \text{A}$

$I_2 = 20 - 5 = 15\ \text{A}$

(2) $V_b = 22 \times 5 = 110\ \text{V},\quad V_d = 6 \times 15 = 90\ \text{V}$

(3) $V_{bd} = V_b - V_d = 110 - 90 = 20\ \text{V}$

点 b が 20 V 高い。

6 S を開いているとき,次式がなりたつ。

$\dfrac{100}{30} = \dfrac{1}{\dfrac{1}{8 + R_3} + \dfrac{1}{4 + R_4}} \quad \cdots\cdots\langle 1 \rangle$

S を開閉しても電流が一定であることは,ブリッジ回路が平衡しているので,次式がなりたつ。

$8R_4 = 4R_3 \quad\quad \cdots\cdots\langle 2 \rangle$

式〈2〉より $R_3 = 2R_4 \quad\quad \cdots\cdots\langle 2 \rangle'$

〈2〉′ を式(1)に代入すると

$\dfrac{10}{3} = \dfrac{1}{\dfrac{1}{8 + 2R_4} + \dfrac{1}{4 + R_4}} = \dfrac{1}{\dfrac{1 + 2}{8 + 2R_4}}$

$\dfrac{10}{3} = \dfrac{8 + 2R_4}{3}$

$10 - 8 = 2R_4$

$R_4 = 1\ \Omega \quad \cdots\cdots\langle 3 \rangle$

〈3〉を〈2〉′に代入すると

$R_3 = 2 \times 1 = 2\ \Omega$

$R_3 = 2\ \Omega,\quad R_4 = 1\ \Omega$

7 (1) $I = \sqrt{\dfrac{P}{R}} = \sqrt{\dfrac{0.1}{2\,000}} = \sqrt{0.000\,05}$

$= 7.07 \times 10^{-3} = 7.07\ \text{mA}$

(2) $I = \sqrt{\dfrac{P}{R}} = \sqrt{\dfrac{0.01}{100}} = 0.01 = 10\ \text{mA}$

(3) $7.07\ \text{mA}$

((1)と(2)のうち,小さい方を採用する。)

(4) $V = (2\,000 + 100) \times 7.07 \times 10^{-3} = 14.8\ \text{V}$

$P = VI = 14.8 \times 7.07 \times 10^{-3} = 105\ \text{mW}$

8 $w = KIt = 1.180 \times 10^{-3} \times 0.3 \times 15 \times 60$

$= 0.319\ \text{g}$

9 $I = \dfrac{w}{Kt} = \dfrac{20}{1.180 \times 10^{-3} \times 1 \times 60 \times 60} = 4.71\ \text{A}$

第3章　静電気

(p.34) **1** 電荷と電界

(p.34) **1** 静電現象

1(1) ①反発　②吸引

(2) ③静電　④積　⑤反比例

(3) ⑥異　⑦同　⑧静電誘導　⑨静電遮へい

2 $F = 9 \times 10^9 \times \dfrac{Q_1 Q_2}{r^2}$

$\qquad = 9 \times 10^9 \times \dfrac{2 \times 10^{-6} \times 3 \times 10^{-6}}{2^2}$

$\qquad = \dfrac{54}{4} \times 10^{-3} = \textbf{1.35} \times \textbf{10}^{-2}\,\textbf{N}$

3 $F = 9 \times 10^9 \times \dfrac{6 \times 10^{-6} \times 8 \times 10^{-6}}{0.4^2}$

$\qquad = \dfrac{432 \times 10^{-3}}{16 \times 10^{-2}} = \textbf{2.7 N}$

4 $r^2 = 9 \times 10^9 \times \dfrac{Q_1 Q_2}{F}$

$\qquad = 9 \times 10^9 \times \dfrac{6 \times 10^{-6} \times 5 \times 10^{-6}}{27}$

$\qquad = \dfrac{270}{27} \times 10^{-3} = 0.01$

$r^2 = 0.01 \qquad r = \sqrt{0.01} = \textbf{0.1 m}$

5 $F = 9 \times 10^9 \times \dfrac{Q_1 Q_2}{r^2} \qquad Q_1 = Q_2 = Q$

$Q^2 = \dfrac{F r^2}{9 \times 10^9} = \dfrac{18 \times (5 \times 10^{-2})^2}{9 \times 10^9}$

$\qquad = \dfrac{18 \times 25 \times 10^{-4}}{9 \times 10^9} = 5 \times 10^{-12}$

$Q = \sqrt{5 \times 10^{-12}} = \pm 2.24 \times 10^{-6}\,\text{C}$

大きさなので，$\textbf{2.24} \times \textbf{10}^{-6}\,\textbf{C}$

(p.35) **2** 電界と電界の強さ

1(1) ①静電力　②電界（電場）

(2) ③電気力線　④正　⑤負　⑥電界

(3) ⑦電束

(4) ⑧大きさ　⑨向き　⑩電界の強さ

2 $E = 9 \times 10^9 \times \dfrac{Q}{r^2} = 9 \times 10^9 \times \dfrac{3 \times 10^{-6}}{(5 \times 10^{-2})^2}$

$\qquad = \textbf{1.08} \times \textbf{10}^7\,\textbf{V/m}$

3 $Q = \dfrac{r^2 E}{9 \times 10^9} = \dfrac{(20 \times 10^{-2})^2 \times 9 \times 10^5}{9 \times 10^9}$

$\qquad = \textbf{4} \times \textbf{10}^{-6}\,\textbf{C}$

4 $F = QE = 15 \times 10^{-6} \times 2 \times 10^5 = \textbf{3 N}$

5 $E = \dfrac{F}{Q} = \dfrac{0.6}{4 \times 10^{-6}} = \textbf{1.5} \times \textbf{10}^5\,\textbf{V/m}$

6(1) $D = \dfrac{Q}{A} = \dfrac{8 \times 10^{-6}}{0.5 \times 10^{-4}} = \textbf{0.16 C/m}^2$

(2) $E = \dfrac{D}{\varepsilon_0} = \dfrac{0.16}{8.85 \times 10^{-12}} = \textbf{1.81} \times \textbf{10}^{10}\,\textbf{V/m}$

(p.36) **3** 電位と静電容量

1(1) ①静電力　②電位

(2) ③比例　④静電容量

2 $V = \dfrac{Q}{4\pi\varepsilon_0 r} = 9 \times 10^9 \times \dfrac{2 \times 10^{-6}}{3} = \textbf{6} \times \textbf{10}^3\,\textbf{V}$

3 $V = \dfrac{Q}{4\pi\varepsilon_0}\left(\dfrac{1}{r_1} - \dfrac{1}{r_2}\right)$

$\qquad = 9 \times 10^9 \times 4 \times 10^{-6} \times \left(\dfrac{1}{0.1} - \dfrac{1}{0.3}\right)$

$\qquad = \textbf{2.4} \times \textbf{10}^5\,\textbf{V}$

4 $V = \dfrac{Q}{4\pi\varepsilon_0 r} = 9 \times 10^9 \times \dfrac{5 \times 10^{-6}}{0.15} = \textbf{3} \times \textbf{10}^5\,\textbf{V}$

5 $Q = CV = 0.2 \times 10^{-6} \times 4 \times 10^4 = \textbf{8} \times \textbf{10}^{-3}\,\textbf{C}$

6 $C = 4\pi\varepsilon_0 r = 4 \times 3.14 \times 8.85 \times 10^{-12} \times 0.5$

$\qquad = 55.6 \times 10^{-12}\,\text{F} = \textbf{55.6 pF}$

(p.37) **2** コンデンサ

(p.37) **1** コンデンサの構造と静電容量

1 $Q = CV = 0.005 \times 1\,000 = \textbf{5 C}$

2(1) $C = \dfrac{Q}{V} = \dfrac{2 \times 10^{-3}}{25} = 8 \times 10^{-5}\,\text{F}$

$\qquad = \textbf{80}\,\boldsymbol{\mu}\textbf{F}$

(2) $E = \dfrac{V}{l} = \dfrac{25}{2 \times 10^{-2}}$

$\qquad = \dfrac{2\,500}{2} = \textbf{1\,250 V/m}$

3 $C = \dfrac{\varepsilon_0 A}{l} = \dfrac{8.85 \times 10^{-12} \times 20 \times 10^{-4}}{10^{-2}}$

$\qquad = 1.77 \times 10^{-12}\,\text{F} = \textbf{1.77 pF}$

4 $C = \varepsilon_0 \varepsilon_r \dfrac{A}{l} = 8.85 \times 10^{-12} \times 5 \times \dfrac{20 \times 10^{-4}}{10^{-2}}$

$\qquad = 8.85 \times 10^{-12} = \textbf{8.85 pF}$

5 $A = \dfrac{Cl}{\varepsilon} = \dfrac{5 \times 10^{-12} \times 5 \times 10^{-3}}{8.85 \times 10^{-12}}$

$\qquad = 2.82 \times 10^{-3}\,\text{m}^2 = \textbf{28.2 cm}^2$

6(1) $Q = CV = 0.01 \times 10^{-6} \times 100 = \textbf{1}\,\boldsymbol{\mu}\textbf{C}$

(2) $\varepsilon_r = \dfrac{C_r}{C_0} = \dfrac{0.022\,5}{0.01} = \textbf{2.25}$

(p.38) **2** コンデンサの接続　―並列接続―

1(1) $C = C_1 + C_2 = 3 + 2 = \textbf{5}\,\boldsymbol{\mu}\textbf{F}$

(2) $Q_1 = C_1 V = 3 \times 10^{-6} \times 100$

$\qquad = 300 \times 10^{-6}\,\text{C}$

$Q_2 = C_2 V = 2 \times 10^{-6} \times 100$

$\qquad = 200 \times 10^{-6}\,\text{C}$

(3) $Q = Q_1 + Q_2 = (300 + 200) \times 10^{-6}$

$\qquad = \textbf{500}\,\boldsymbol{\mu}\textbf{C}$

2 $C_0 = \underbrace{C + C + C + \cdots\cdots + C}_{n\,個} = \boldsymbol{nC}\,\textbf{[F]}$

3 $C_p = 4 + 6 = 10\,\mu\mathrm{F}$

$C_s = \dfrac{4 \times 6}{4 + 6} = \dfrac{24}{10} = 2.4\,\mu\mathrm{F}$

4 (1) $Q = C_1 V = 3 \times 10^{-6} \times 80 = 240\,\mu\mathrm{C}$

(2) $V_2 = \dfrac{Q}{C_1 + C_2} = \dfrac{240 \times 10^{-6}}{(3 + 1) \times 10^{-6}} = 60\,\mathrm{V}$

(p.39) **2** **コンデンサの接続　―直列接続―**

1 (1) $C = \dfrac{1}{\dfrac{1}{C_1} + \dfrac{1}{C_2}} = \dfrac{C_1 \times C_2}{C_1 + C_2} = \dfrac{3 \times 2}{3 + 2}$

$= \dfrac{6}{5} = 1.2\,\mu\mathrm{F}$

(2) $V_1 = \dfrac{C_2}{C_1 + C_2} V = \dfrac{2}{3 + 2} \times 50 = 20\,\mathrm{V}$

$V_2 = V - V_1 = 50 - 20 = 30\,\mathrm{V}$

(3) $Q_1 = C_1 V_1 = 3 \times 10^{-6} \times 20 = 60 \times 10^{-6}$

$= 60\,\mu\mathrm{C}$

$Q_2 = C_2 V_2 = 2 \times 10^{-6} \times 30 = 60 \times 10^{-6}$

$= 60\,\mu\mathrm{C}$

2 (1) $C_{ab} = C_2 + C_3 = 2 + 2 = 4\,\mu\mathrm{F}$

(2) $C = \dfrac{1}{\dfrac{1}{C_1} + \dfrac{1}{C_{ab}}} = \dfrac{1}{\dfrac{1}{2} + \dfrac{1}{4}} = \dfrac{1}{\dfrac{3}{4}}$

$= \dfrac{4}{3} = 1.33\,\mu\mathrm{F}$

(3) $V_1 = \dfrac{C}{C_1} V = \dfrac{\dfrac{4}{3}}{2} \times 30 = 20\,\mathrm{V}$

$V_2 = V - V_1 = 30 - 20 = 10\,\mathrm{V}$

3 $\dfrac{V_2}{V} = \dfrac{C_1}{C_1 + C_2}$

$V = \dfrac{C_1 + C_2}{C_1} V_2 = \dfrac{8 + 4}{8} \times 50 = \dfrac{12 \times 50}{8}$

$= 75\,\mathrm{V}$

$V_1 = V - V_2 = 75 - 50 = 25\,\mathrm{V}$

$V_2 = 50\,\mathrm{V}$

(p.40) **3** **誘電体内のエネルギー**

1 (1) $V_{cd} = \dfrac{Q}{C_{cd}} = \dfrac{180 \times 10^{-6}}{6 \times 10^{-6}} = 30\,\mathrm{V}$

$V_{ac} = V - V_{cd} = 90 - 30 = 60\,\mathrm{V}$

(2) ac 間の合成静電容量は

$C_{ac} = \dfrac{Q}{V_{ac}} = \dfrac{180 \times 10^{-6}}{60} = 3 \times 10^{-6}\,\mathrm{F}$

$= 3\,\mu\mathrm{F}$

C_{ac} は $\dfrac{3}{2} + x\,[\mu\mathrm{F}]$ であるから $\dfrac{3}{2} + x = 3$

$x = 3 - \dfrac{3}{2} = \dfrac{3}{2} = 1.5\,\mu\mathrm{F}$

(3) $W_{cd} = \dfrac{1}{2} Q_{cd} V_{cd} = \dfrac{1}{2} \times 180 \times 10^{-6} \times 30$

$= 2.7 \times 10^{-3}\,\mathrm{J}$

(4) $W_{ab} = \dfrac{1}{2} C_{ab} V_{ab}^{\,2} = \dfrac{1}{2} \times 3 \times 10^{-6} \times 30^2$

$= 1.35 \times 10^{-3}\,\mathrm{J}$

(5) $W_x = \dfrac{1}{2} C_x V_{ac}^{\,2} = \dfrac{1}{2} \times 1.5 \times 10^{-6} \times 60^2$

$= 2.7 \times 10^{-3}\,\mathrm{J}$

(6) $W = (2.7 + 1.35 + 1.35 + 2.7) \times 10^{-3}$

$= 8.1 \times 10^{-3}\,\mathrm{J}$

2 $W = \dfrac{1}{2} QV = \dfrac{1}{2} CV \cdot V = \dfrac{1}{2} CV^2$

$C = \dfrac{2W}{V^2} = \dfrac{2 \times 2}{1\,000^2} = \dfrac{4}{1\,000\,000} = 4 \times 10^{-6}$

$= 4\,\mu\mathrm{F}$

(p.41) **3** **絶縁破壊と放電現象**

(p.41) **1** **絶縁破壊**

1 (1) ①絶縁破壊電圧

(2) ②絶縁破壊の強さ

(p.41) **2** **気体中の放電**

1 (1) ①放電

(2) ②イオン　③部分破壊　④コロナ放電
⑤全路破壊　⑥グロー　⑦アーク

(3) ⑧水銀　⑨放電　⑩紫外線　⑪可視光

(p.42) **第3章　総合問題**

1 (1) $C = \dfrac{1}{\dfrac{1}{1} + \dfrac{1}{2} + \dfrac{1}{3} + \dfrac{1}{4}} = \dfrac{12}{25}\,\mu\mathrm{F}$

$(= 0.48\,\mu\mathrm{F})$

(2) $C = \dfrac{1}{\dfrac{1}{1} + \dfrac{1}{2} + \dfrac{1}{7}} = \dfrac{14}{23}\,\mu\mathrm{F}\quad(= 0.609\,\mu\mathrm{F})$

(3) $C_{bd} = 2 + \dfrac{1}{\dfrac{1}{3} + \dfrac{1}{4}} = \dfrac{26}{7}$

$C = \dfrac{1}{\dfrac{7}{26} + \dfrac{1}{1}} = \dfrac{26}{33}\,\mu\mathrm{F}\quad(= 0.788\,\mu\mathrm{F})$

(4) $C = \dfrac{1}{\dfrac{1}{1} + \dfrac{1}{2}} + \dfrac{1}{\dfrac{1}{3} + \dfrac{1}{4}} = \dfrac{2}{3} + \dfrac{12}{7}$

$= \dfrac{50}{21}\,\mu\mathrm{F}\quad(= 2.38\,\mu\mathrm{F})$

2 (1) 抵抗の両端の電圧は抵抗値に比例する (直列)
から

$V_1 = \dfrac{100}{100 + 100} \times 20 = 10\,\mathrm{V}$

(2) コンデンサの両端の電位は，静電容量に反比
例する (直列) から

$V_2 = \dfrac{20}{20 + 10} \times 20 = \dfrac{20}{30} \times 20 = 13.3\,\mathrm{V}$

(3) $V_2 - V_1 = 13.3 - 10 = 3.3$ V

点②の電位が 3.3 V 高い。

3 $Q = CV = 10 \times 10^{-6} \times 50 = 500 \times 10^{-6}$

$\quad = 500\,\mu\text{C}$

$\quad W = \dfrac{1}{2} VQ = \dfrac{1}{2} \times 50 \times 500 \times 10^{-6}$

$\quad\quad = 1.25 \times 10^{-2}$ J

4(1) $C = \dfrac{\varepsilon A}{l} = 8.85 \times 10^{-12} \times \dfrac{4 \times 10^{-4}}{20 \times 10^{-3}}$

$\quad\quad = 0.177 \times 10^{-12} = 0.177$ pF

(2) $Q = CV = 0.177 \times 10^{-12} \times 100$

$\quad\quad = 17.7 \times 10^{-12}$ C

(3) $W = \dfrac{1}{2} VQ = \dfrac{1}{2} \times 100 \times 0.177 \times 10^{-12}$

$\quad\quad = 0.0885 \times 10^{-8} = 8.85 \times 10^{-10}$ J

(4) $E = \dfrac{V}{l} = \dfrac{100}{20 \times 10^{-3}} = 5 \times 10^3$ V/m

(5) $D = \dfrac{Q}{A} = \dfrac{17.7 \times 10^{-12}}{4 \times 10^{-4}}$

$\quad\quad = 4.43 \times 10^{-8}$ C/m^2

5 $C_1 + C_2 = 10 \quad \cdots\cdots\langle 1 \rangle$

$\quad \dfrac{C_1 \times C_2}{C_1 + C_2} = 2.4 \quad \cdots\cdots\langle 2 \rangle$

$\quad$式$\langle 1 \rangle$より

$\quad C_1 = 10 - C_2 \quad \cdots\cdots\langle 3 \rangle$

$\quad$式$\langle 1 \rangle$および$\langle 3 \rangle$を$\langle 2 \rangle$に代入すると，

$\quad\quad (10 - C_2)C_2 = 24$

$\quad\quad C_2{}^2 - 10C_2 + 24 = 0$

$\quad\quad (C_2 - 4)(C_2 - 6) = 0$

$\quad\quad C_2 = 4, \ C_2 = 6$

$\quad$よって，$C_2 = 4\,\mu\text{F}$ のとき $C_1 = 6\,\mu\text{F}$

$\quad$また $C_2 = 6\,\mu\text{F}$ のとき $C_1 = 4\,\mu\text{F}$

6(a) コンデンサの並列合成静電容量を表している。

(左) $C_0 = \dfrac{\varepsilon A}{l} + \dfrac{\varepsilon A}{l} + \dfrac{\varepsilon A}{l} = 3\dfrac{\varepsilon A}{l} = 3C$ [F]

(右) $C_0 = \dfrac{\varepsilon 3A}{l} = \dfrac{3\varepsilon A}{l} = 3\dfrac{\varepsilon A}{l} = 3C$ [F]

(b) コンデンサの直列合成静電容量を表している。

(上) $C_0 = \dfrac{1}{\dfrac{1}{\dfrac{\varepsilon A}{l}} + \dfrac{1}{\dfrac{\varepsilon A}{l}} + \dfrac{1}{\dfrac{\varepsilon A}{l}}} = \dfrac{\dfrac{1}{3}}{\dfrac{\varepsilon A}{l}}$

$\quad\quad = \dfrac{\varepsilon A}{3l} = \dfrac{1}{3}\dfrac{\varepsilon A}{l} = \dfrac{1}{3}C$ [F]

(下) $C = \dfrac{\varepsilon A}{3l} = \dfrac{1}{3}\dfrac{\varepsilon A}{l} = \dfrac{1}{3}C$ [F]

第4章 磁気

(p.44) **1** 電流と磁界

(p.44) **1** 磁石と磁気

1(1) ① N（S） ② S（N）

(2) ③吸引 ④反発

(3) ⑤磁界

(4) ⑥ Wb

(5) ⑦ N

(6) ⑧磁化 ⑨磁気

2 $F = 6.33 \times 10^4 \times \dfrac{2 \times 10^{-4} \times 3 \times 10^{-4}}{0.2^2}$

$\quad = 9.5 \times 10^{-2}$ N

(p.44) **2** 電流による磁界

1①磁界 ②磁界 ③アンペアの右ねじ

2(a) ① S ② N

(b) ③ S ④ N

(c) ⑤ S ⑥ N

(p.45) **3** 磁界の強さ

1(1) ① 1 Wb ②大きさ ③向き

(2) ④ H ⑤ A/m

2 $H = 6.33 \times 10^4 \times \dfrac{5 \times 10^{-2}}{0.2^2}$

$\quad = 7.91 \times 10^4$ A/m

3 $r^2 = 6.33 \times 10^4 \times \dfrac{m}{H}$

$\quad = 6.33 \times 10^4 \times \dfrac{4 \times 10^{-3}}{6.33 \times 10^3}$

$\quad = 4 \times 10^{-2}$

$\quad r = \sqrt{4 \times 10^{-2}} = 2 \times 10^{-1}$ m $= 20$ cm

4 $F = mH = 2 \times 10^{-3} \times 4 \times 10^3 = 8$ N

5 $m = \dfrac{F}{H} = \dfrac{5 \times 10^{-4}}{8 \times 10^3} = 6.25 \times 10^{-8}$ Wb

6 $H = \dfrac{F}{m} = \dfrac{1.5 \times 10^{-2}}{5 \times 10^{-6}} = 3 \times 10^3$ A/m

7 $H = 6.33 \times 10^4 \times \dfrac{2 \times 10^{-5}}{100 \times (0.1)^2} = 1.27$ A/m

8 $H = \dfrac{NI}{2r} = \dfrac{100 \times 10}{2 \times 1} = 500$ A/m

9 $H = \dfrac{NI}{2r} = \dfrac{20 \times 2}{2 \times 5 \times 10^{-2}} = 400$ A/m

10 $I = \dfrac{2rH}{N} = \dfrac{2 \times 7.5 \times 10^{-2} \times 5\,000}{200} = 3.75$ A

11 $r = \dfrac{NI}{2H} = \dfrac{500 \times 5}{2 \times 2\,000} = \dfrac{2\,500}{4\,000} = 0.625$ m

$\quad = 62.5$ cm

12 $H = \dfrac{I}{2\pi r} = \dfrac{50}{2 \times 3.14 \times 5 \times 10^{-2}} = 1.59 \times 10^2 \, \text{A/m}$

13 $H = \dfrac{NI}{l} = \dfrac{200 \times 10}{0.4} = 5\,000 \, \text{A/m}$

14 $I = \dfrac{Hl}{N} = \dfrac{600 \times 0.5}{100} = 3 \, \text{A}$

(p.47) **2** 磁界中の電流に働く力

(p.47) **1** 電磁力

1(1) ①電磁力

(2) ②磁束 ③Wb

(3) ④磁束密度 ⑤T

(4) ⑥フレミングの左手

2 $B = \dfrac{\phi}{A} = \dfrac{0.25 \times 10^{-4}}{10 \times 10^{-4}} = 2.5 \times 10^{-2} \, \text{T}$

3 $\phi = BA = B\pi r^2 = 0.5 \times 3.14 \times (2 \times 10^{-2})^2$
$= 6.28 \times 10^{-4} \, \text{Wb}$

4(a) 上方へ

(b) 下方へ

(c) 内側へ

(d) 反時計方向へ

5 $F = BIl = 1.5 \times 10 \times 0.4 = 6 \, \text{N}$

(p.48) **2** 方形コイルに働くトルク

1 ①方形コイル ②トルク

2 $T = BIAN = 0.4 \times 0.05 \times 30 \times 10^{-4} \times 200$
$= 1.2 \times 10^{-2} \, \text{N·m}$

3 $T = BIAN$
$= 0.5 \times 2 \times 10^{-3} \times 5 \times 10^{-2} \times 4 \times 10^{-2} \times 20$
$= 4 \times 10^{-5} \, \text{N·m}$

(p.48) **3** 平行な直線状導体間に働く力

1 ①力（電磁力） ②吸引力 ③反発力

2(1) 反発力

(2) $f = \dfrac{2I_1 I_2}{r} \times 10^{-7} = \dfrac{2 \times 10 \times 20}{2} \times 10^{-7}$
$= 2 \times 10^{-5} \, \text{N/m}$

3 $H = \dfrac{I_1}{2\pi r} = \dfrac{10}{2 \times 3.14 \times 0.5} = \dfrac{10}{3.14} = 3.18 \, \text{A/m}$

$B = \mu_0 H = 4\pi \times 10^{-7} \times \dfrac{10}{\pi} = 4 \times 10^{-6} \, \text{T}$

$f = BI_2 = 4 \times 10^{-6} \times 50 = 2 \times 10^{-4} \, \text{N/m}$

(p.49) **3** 磁性体と磁気回路

(p.49) **1** 環状鉄心の磁気回路

1(1) ①起磁力 ②F_m ③A

(2) ④磁路 ⑤磁気回路

(3) ⑥磁気抵抗

2 $F_m = NI = 500 \times 10 = 5\,000 \, \text{A}$

3 $R_m = \dfrac{F_m}{\phi} = \dfrac{1\,000}{0.5} = 2\,000 \, \text{H}^{-1}$

4 $\mu = \mu_0 \mu_r = 4 \times 3.14 \times 10^{-7} \times 1\,000$
$= 1.26 \times 10^{-3} \, \text{H/m}$

5 $\phi = \dfrac{\mu ANI}{l}$
$= \dfrac{4 \times 3.14 \times 10^{-7} \times 800 \times 1.2 \times 10^{-4} \times 2\,000 \times 5}{0.8}$
$= 1.51 \times 10^{-3} \, \text{Wb}$

6 $\mu_r = \dfrac{I}{\mu_0 A R_m}$
$= \dfrac{0.8}{4 \times 3.14 \times 10^{-7} \times 20 \times 10^{-4} \times 4 \times 10^5} = 796$

7 $B = \dfrac{\phi}{A} = \dfrac{0.01}{100 \times 10^{-4}} = 1 \, \text{T}$

8(1) $R_{m1} = \dfrac{2}{4 \times 3.14 \times 10^{-7} \times 900 \times 12 \times 10^{-4}}$
$= 1.47 \times 10^6 \, \text{H}^{-1}$

(2) $R_{m2} = \dfrac{10^{-3}}{4 \times 3.14 \times 10^{-7} \times 12 \times 10^{-4}}$
$= 6.63 \times 10^5 \, \text{H}^{-1}$

(3) $R_{m0} = R_{m1} + R_{m2}$
$= 1.47 \times 10^6 + 6.63 \times 10^5$
$= 2.13 \times 10^6 \, \text{H}^{-1}$

9(1) $H_1 l_1 = 4\,000 \times 0.5 = 2\,000 \, \text{A}$

(2) $H_2 l_2 = \dfrac{B}{\mu_0} l_2 = \dfrac{1.6 \times 10^{-3}}{4\pi \times 10^{-7}} = 1.27 \times 10^3 \, \text{A}$

(3) $NI = H_1 l_1 + H_2 l_2 = 2\,000 + 1.27 \times 10^3$
$= 3.27 \times 10^3 \, \text{A}$

$N = \dfrac{NI}{I} = \dfrac{3.27 \times 10^3}{10} = 327 \, \text{回}$

(p.51) **2** 磁化曲線

1(1) ①BH曲線 ②磁化曲線 （①と②は順不同）

(2) ③残留磁気

(3) ④保磁力

(4) ⑤ヒステリシス曲線

(5) ⑥ヒステリシス損

2(1) 磁気飽和

(2) $\mu = \dfrac{B}{H} = \dfrac{0.6}{3 \times 10^3} = 2 \times 10^{-4} \, \text{H/m}$

(3) $\mu_r = \dfrac{\mu}{\mu_0} = \dfrac{2 \times 10^{-4}}{4 \times 3.14 \times 10^{-7}} = 159$

1(1) ①誘導電流 ②誘導起電力

(2) ③向き ④変化 ⑤向き

(3) ⑥導体 ⑦磁界 ⑧誘導起電力 ⑨右手

(4) ⑩絶縁 ⑪積層 ⑫渦

2 $e = Blu = 0.8 \times 0.4 \times 200 = \mathbf{64\,V}$

3(1) $e = Blu\sin\theta = 0.5 \times 0.3 \times 100 \times \sin 30° = \mathbf{7.5\,V}$

(2) $u = \dfrac{e}{Bl\sin\theta} = \dfrac{2.6}{0.5 \times 0.3 \times \sin(90° - 30°)}$

$\quad = \mathbf{20.0\,m/s}$

1(1) ①インダクタンス ②自己誘導

(2) ③和動 ④差動

2 $e = N\dfrac{\Delta\phi}{\Delta t} = 50 \times \dfrac{(0.5 - 0.3)}{0.2} = \mathbf{50\,V}$

3 $L = \dfrac{e}{\dfrac{\Delta I}{\Delta t}} = \dfrac{100}{\dfrac{10}{2 \times 10^{-3}}}$

$\quad = 20 \times 10^{-3}\,\text{H} = \mathbf{20\,mH}$

4 $L = \dfrac{N\phi}{I} = \dfrac{50 \times 2 \times 10^{-3}}{5} = \mathbf{0.02\,H}$

5 $L = \dfrac{\mu A N^2}{l}$

$\quad = \dfrac{4 \times 3.14 \times 10^{-7} \times 1\,200 \times 5 \times 10^{-4} \times 500^2}{1}$

$\quad = 0.188\,\text{H} = \mathbf{188\,mH}$

6 $N^2 = \dfrac{Ll}{\mu_0\mu_r A}$

$\quad = \dfrac{20 \times 10^{-3} \times 0.64}{4 \times 3.14 \times 10^{-7} \times 800 \times 2 \times 10^{-4}}$

$\quad = 6.37 \times 10^4$

$N = \sqrt{6.37 \times 10^4} ≒ \mathbf{252\,回}$

7 $M = \dfrac{e}{\dfrac{\Delta I}{\Delta t}} = \dfrac{5}{\dfrac{1.6}{2 \times 10^{-3}}}$

$\quad = 6.25 \times 10^{-3}\,\text{H} = \mathbf{6.25\,mH}$

8(1) $L_1 = \dfrac{4 \times 3.14 \times 10^{-7} \times 800 \times 4 \times 10^{-4} \times 500^2}{1.2}$

$\quad = \mathbf{83.7\,mH}$

(2) $L_2 = \dfrac{4 \times 3.14 \times 10^{-7} \times 800 \times 4 \times 10^{-4} \times 800^2}{1.2}$

$\quad = \mathbf{214\,mH}$

(3) $M = \sqrt{L_1 L_2} = \sqrt{83.7 \times 10^{-3} \times 214 \times 10^{-3}}$

$\quad = \mathbf{134\,mH}$

9 $M = k\sqrt{L_1 L_2} = 0.8\sqrt{9 \times 10^{-3} \times 16 \times 10^{-3}}$

$\quad = \mathbf{9.6\,mH}$

10(1) 和動接続

$\quad L_{14} = L_1 + L_2 + 2M$

$\quad\quad = 10 + 36 + (2 \times 19) = \mathbf{84\,mH}$

(2) 差動接続

$\quad L_{13} = L_1 + L_2 - 2M$

$\quad\quad = 10 + 36 - (2 \times 19) = \mathbf{8\,mH}$

1(1) ①磁束 ②磁界 ③エネルギー

(2) ④電磁

2 $W = \dfrac{1}{2}LI^2 = \dfrac{1}{2} \times 10 \times 50^2 = \mathbf{12\,500\,J}$

3 $L = \dfrac{2W}{I^2} = \dfrac{2 \times 50}{5^2} = \mathbf{4\,H}$

4 $I = \sqrt{\dfrac{2W}{L}} = \sqrt{\dfrac{2 \times 20}{300 \times 10^{-3}}} = \sqrt{133.3}$

$\quad = \mathbf{11.5\,A}$

5 $w = \dfrac{1}{2} \times \dfrac{B^2}{\mu}$

$\quad = \dfrac{1}{2} \times \dfrac{1.2^2}{4 \times 3.14 \times 10^{-7} \times 1\,000}$

$\quad = \mathbf{573\,J/m^3}$

1(1) 起磁力

(2) 磁極の強さ，磁束

(3) 磁界の大きさ (磁界の強さ)

(4) 透磁率

(5) インダクタンス

(6) 磁束密度

2(1) $F_m (NI)$ (2) H

(3) ϕ (4) m (5) R_m

(6) L (7) B (8) μ

3 $r^2 = 6.33 \times 10^4 \times \dfrac{m_1 m_2}{F}$

$\quad = 6.33 \times 10^4 \times \dfrac{6 \times 10^{-5} \times 4 \times 10^{-3}}{1.52}$

$\quad = 10^{-2}$

$r = \sqrt{10^{-2}} = 0.1\,\text{m} = \mathbf{10\,cm}$

4 $H = \dfrac{NI}{2r} = \dfrac{50 \times 5}{0.8} = \mathbf{312.5\,A/m}$

$F = mH = 4 \times 10^{-3} \times 312.5 = \mathbf{1.25\,N}$

5(1) $R_m = \dfrac{l}{\mu A}$

$\quad = \dfrac{1.2}{3.5 \times 10^{-4} \times 3.14 \times (2 \times 10^{-2})^2}$

$\quad = \mathbf{2.73 \times 10^6\,H^{-1}}$

(2) $\phi = \dfrac{NI}{R_m} = \dfrac{2\,000 \times 10}{2.73 \times 10^6} = \mathbf{7.33 \times 10^{-3}\,Wb}$

(3) $B = \dfrac{\phi}{A} = \dfrac{7.33 \times 10^{-3}}{3.14 \times (2 \times 10^{-2})^2} = \mathbf{5.84\,T}$

6 $L = \dfrac{\mu A N^2}{l}$

$\qquad = \dfrac{4 \times 3.14 \times 10^{-7} \times 800 \times 3.14 \times (2 \times 10^{-2})^2 \times 600^2}{0.5}$

$\qquad = \mathbf{0.909\ H}$

7 $l = \dfrac{\mu A N_1 N_2}{M}$

$\qquad = \dfrac{4 \times 3.14 \times 10^{-7} \times 600 \times 3 \times 10^{-4} \times 1\,000 \times 2\,000}{3}$

$\qquad = 0.151\ \text{m} = \mathbf{15.1\ cm}$

8 $L_0 = L_1 + L_2 - 2M = 20 + 40 - (2 \times 25)$

$\qquad = \mathbf{10\ mH}$

$\quad L_m = L_1 + L_2 + 2M = 20 + 40 + (2 \times 25)$

$\qquad = \mathbf{110\ mH}$

9(1) 約 0.8 T　(2)　約 0.65 T

(3)　約 $1\,000$ A/m

(4)　1サイクル変化した場合のヒステリシス損

(5)　残留磁気および保磁力の大きな材料

第5章　交流回路

(p.58) ① 交流の発生と表し方

(p.58) 1 正弦波交流

1(1) ①大きさ　②向き　（順不同）

(2)　③正弦波交流

(3)　④周波数　⑤ヘルツ　⑥Hz

2　$T = \dfrac{1}{f} = \dfrac{1}{200 \times 10^3} = \mathbf{5 \times 10^{-6}\ s}$

(p.58) 2 角周波数

1(1) ①ラジアン

(2)　②円弧　③1　④円の中心

2(1) ①$2\pi$

(2)　②$2\pi$　③π

(3)　④π　⑤π　⑥6

(4)　⑦360　⑧180

(5)　⑨180　⑩30

3(1) ①90　②π　③2

(2)　④180　⑤π

(3)　⑥270　⑦$3\pi$　⑧2

(4)　⑨360

4(1) $\dfrac{\pi}{3}$

(2)　$\dfrac{5}{3}\pi$

(3)　120

(4)　240

5(1) $\omega = 2\pi f = 2\pi \times 100 = \mathbf{200\pi\ rad/s}$

(2)　$\omega = 2\pi \times 50 = \mathbf{100\pi\ rad/s}$

(3)　$\omega = 2\pi \times 60 = \mathbf{120\pi\ rad/s}$

(4)　$\omega = 2\pi \times 1\,000 = \mathbf{2\,000\pi\ rad/s}$

6(1) $f = \dfrac{\omega}{2\pi} = \dfrac{20\pi}{2\pi} = \mathbf{10\ Hz}$

(2)　$f = \dfrac{500\pi}{2\pi} = \mathbf{250\ Hz}$

(3)　$f = \dfrac{314}{2\pi} = \mathbf{50\ Hz}$

(4)　$f = \dfrac{62.8}{2\pi} = \mathbf{10\ Hz}$

(p.60) 3 交流の表し方　ー瞬時値と最大値ー

1(1) ①瞬時値　②最大値

2(1) ①ピークピーク値　②瞬時値　③最大値

④角周波数　⑤時間

(2)　⑥0.02　⑦50

(3)　⑧100π　⑨100

(4)　⑩0.5　⑪$\dfrac{\sqrt{3}}{2}$

⑫ 1　⑬ $\dfrac{1}{\sqrt{2}}$

(5)　⑭ $e = 100\sin(100\pi \times 0.01)$

$\qquad = 100\sin\pi = \mathbf{0\ V}$

⑮ $e = 100\sin(100\pi \times 5 \times 10^{-3})$

$\qquad = 100\sin\dfrac{\pi}{2} = \mathbf{100\ V}$

⑯ $e = 100\sin(100\pi \times 2.5 \times 10^{-3})$

$\qquad = 100\sin\dfrac{\pi}{4} = 50\sqrt{2} = \mathbf{70.7\ V}$

(p.61)　3 交流の表し方　—平均値と実効値—

1(1)　①平均値　② $\dfrac{\pi}{2}$

(2)　③実効値　④ $\sqrt{2}$

2　$E = \dfrac{E_m}{\sqrt{2}} = \dfrac{141}{\sqrt{2}} = \mathbf{100\ V}$

3　$E_a = \dfrac{2}{\pi}E_m = \dfrac{2}{\pi} \times 157 = \mathbf{100\ V}$

4　$I_m = \sqrt{2}\,I = \sqrt{2} \times 20 = \mathbf{28.3\ A}$

$\qquad I_a = \dfrac{2}{\pi}I_m = \dfrac{2 \times 28.3}{\pi} = \mathbf{18.0\ A}$

5　$I_m = \dfrac{\pi}{2}I_a = \dfrac{\pi \times 50}{2} = \mathbf{78.5\ A}$

$\qquad I = \dfrac{1}{\sqrt{2}}I_m = \dfrac{78.5}{\sqrt{2}} = \mathbf{55.5\ A}$

6　$e = \sqrt{2}\,E\sin\omega t$

$\qquad = \mathbf{120\sqrt{2}\sin100\pi t\ [V]}$

7　$i = I_m\sin\omega t = \dfrac{\pi}{2}I_a\sin\omega t$

$\qquad = \dfrac{\pi \times 10}{2}\sin120\pi t$

$\qquad = \mathbf{15.7\sin120\pi t\ [A]}$

8(1)　$T = 12 \times 10^{-3}\ s$

$\qquad f = \dfrac{1}{T} = \dfrac{1}{12 \times 10^{-3}} = \mathbf{83.3\ Hz}$

(2)　$\omega = 2\pi f = \mathbf{167\pi\ rad/s}$

(3)　$E_m = 120\ V$

$\qquad E = \dfrac{1}{\sqrt{2}}E_m = \dfrac{120}{\sqrt{2}} = \mathbf{84.9\ V}$

$\qquad E_a = \dfrac{2}{\pi}E_m = \dfrac{2}{\pi} \times 120 = \mathbf{76.4\ V}$

(4)　$e = \mathbf{120\sin167\pi t\ [V]}$

(5)　1 ms のとき

$\qquad e = 120\sin(167\pi \times 10^{-3}) = \mathbf{60.1\ V}$

4 ms のとき

$\qquad e = 120\sin(167\pi \times 4 \times 10^{-3}) = \mathbf{104\ V}$

(p.63)　2 交流回路の電流・電圧

(p.63)　1 位相差とベクトル

1(1)　①時間　②位相角

(2)　③進んでいる　④ $E_m\sin\omega t\ [V]$

⑤ $E_m\sin(\omega t + \theta_2)\ [V]$

(3)　⑥遅れている　⑦ $E_m\sin(\omega t - \theta_3)\ [V]$

(4)　⑧同相　⑨ $E_{m4}\sin\omega t\ [V]$

(5)　⑩位相差　⑪ $E_m\sin\left(\omega t + \dfrac{\pi}{6}\right)\ [V]$

⑫ $E_m\sin\left(\omega t - \dfrac{\pi}{6}\right)\ [V]$

(6)　⑬ $\dfrac{\pi}{6}$　⑭ $-\dfrac{\pi}{6}$

(7)　⑮ $\dfrac{\pi}{3}$

(8)　⑯ $\dfrac{\pi}{3}$　⑰進んで　⑱ $\dfrac{\pi}{3}$　⑲遅れて

2　$e_a = E_m\sin\omega t\ [V]$

$\qquad e_b = E_m\sin\left(\omega t - \dfrac{2}{3}\pi\right)\ [V]$

$\qquad e_c = E_m\sin\left(\omega t - \dfrac{4}{3}\pi\right)\ [V]$

3　$e = 100\sqrt{2}\sin\left(120\pi - \dfrac{\pi}{3}\right)\ [V]$

4　$\theta = 30° - (-60°) = 90° = \dfrac{\pi}{2}$

$\qquad i_1$ は i_2 より $90°\left(\dfrac{\pi}{2}\right)$進んでいる。

5　$e = 200\sqrt{2}\sin\omega t\ [V]$

$\qquad i = 10\sqrt{2}\sin\left(\omega t - \dfrac{\pi}{4}\right)\ [A]$

6　$f = \dfrac{1}{T} = \dfrac{1}{20 \times 10^{-3}} = \mathbf{50\ Hz}$

$\qquad e_1 = 141\sin100\pi t\ [V]$

$\qquad \theta = 100\pi t = 100\pi \times 2 \times 10^{-3}$

$\qquad = 0.2\pi = \dfrac{\pi}{5}\ rad$

$\qquad e_2 = 141\sin\left(100\pi t - \dfrac{\pi}{5}\right)\ [V]$

(p.65)　2 R, L, C 単独の回路　—抵抗 R だけの回路—

1(1)　① $\sqrt{2}\,V\sin\omega t$

② $\sqrt{2}\,I\sin\omega t$

(2)　③ $\dfrac{V}{R}$

(3)　右図

(4)　④ 0　⑤同相

2(1)　$I = \dfrac{V}{R} = \dfrac{100}{10} = \mathbf{10\ A}$

(2)　$i = \mathbf{10\sqrt{2}\sin\omega t\ [A]}$

3 (1) $I = \dfrac{V}{R} = \dfrac{200}{20} = 10\ \text{A}$

(2) v と i は同相より

$$i = 10\sqrt{2} \sin\left(\omega t + \dfrac{\pi}{6}\right) \text{[A]}$$

(3)

(p.66) **2** *R, L, C* 単独の回路

―インダクタンス *L* だけの回路―

1 (1) ① $\sqrt{2}\,V\sin\omega t$

② $\sqrt{2}\,I\sin\left(\omega t - \dfrac{\pi}{2}\right)$

(2) ③ $\dfrac{\pi}{2}$　④遅れて

(3) 右図

(4) ⑤ $\dfrac{V}{\omega L}$

(5) ⑥誘導性リアクタンス

⑦ ωL　⑧ $2\pi fL$

2 (1) $X_L = 2 \times 3.14 \times 50 \times 10 \times 10^{-3} = 3.14\ \Omega$

(2) $I = \dfrac{V}{X_L} = \dfrac{100}{3.14} = 31.8\ \text{A}$

(3) $X_L = 2 \times 3.14 \times 100 \times 10 \times 10^{-3} = 6.28\ \Omega$

(4) $I = \dfrac{100}{6.28} = 15.9\ \text{A}$　(5) $\dfrac{1}{2}$ 倍

3 $X_L = \dfrac{V}{I} = \dfrac{100}{10} = 10\ \Omega$

$X_L = 2\pi fL$

$L = \dfrac{X_L}{2\pi f} = \dfrac{10}{2 \times 3.14 \times 50}$

$= 3.18 \times 10^{-2}\ \text{H} = 31.8\ \text{mH}$

4 $X_{L1} = \dfrac{V_1}{I_1} = \dfrac{100}{20} = 5\ \Omega$

$L = \dfrac{X_{L1}}{2\pi f_1} = \dfrac{5}{2\pi \times 50} = \dfrac{1}{20\pi}\ \text{H}$

$X_{L2} = 2\pi f_2 L = \dfrac{2\pi \times 60}{20\pi} = 6\ \Omega$

$I = \dfrac{V_2}{X_{L2}} = \dfrac{180}{6} = 30\ \text{A}$

5 $i = \sqrt{2}\,\dfrac{V}{X_L} \sin\left(\omega t - \dfrac{\pi}{2}\right)$

$= 20\sqrt{2} \sin\left(120\pi t - \dfrac{\pi}{2}\right) \text{[A]}$

6 (1) $f = \dfrac{\omega}{2\pi} = \dfrac{100\pi}{2\pi} = 50\ \text{Hz}$

(2) $X_L = \omega L = 100 \times 3.14 \times 20 \times 10^{-3} = 6.28\ \Omega$

(3) $I = \dfrac{V}{X_L} = \dfrac{200}{6.28} = 31.8\ \text{A}$

(4) $i = 31.8\sqrt{2} \sin\left(100\pi t + \dfrac{\pi}{3} - \dfrac{\pi}{2}\right)$

$= 31.8\sqrt{2} \sin\left(100\pi t - \dfrac{\pi}{6}\right) \text{[A]}$

(p.68) **2** *R, L, C* 単独の回路

―静電容量 *C* だけの回路―

1 (1) ① $\sqrt{2}\,V\sin\omega t$

② $\sqrt{2}\,I\sin\left(\omega t + \dfrac{\pi}{2}\right)$

(2) ③ $\dfrac{\pi}{2}$　④進んで

(3) 右図

(4) ⑤ ωCV

(5) ⑥容量性リアクタンス

⑦ $\dfrac{1}{\omega C}$　⑧ $\dfrac{1}{2\pi fC}$

2 (1) $X_C = \dfrac{1}{2\pi fC} = \dfrac{1}{2 \times 3.14 \times 50 \times 10^{-6}}$

$= 3.18\ \text{k}\Omega$

$I = \dfrac{V}{X_C} = \dfrac{100}{3\,180} = 0.031\,4 = 31.4\ \text{mA}$

(2) $X_C = \dfrac{1}{2 \times 3.14 \times 100 \times 10^{-6}} = 1.59\ \text{k}\Omega$

$I = \dfrac{100}{1\,590} = 62.9\ \text{mA}$

(3) I が V より $\dfrac{\pi}{2}$ rad 進んでいる。

3 (1) $X_C = \dfrac{1}{\omega C} = \dfrac{1}{2\pi fC}$

$= \dfrac{1}{2 \times 3.14 \times 50 \times 10 \times 10^{-6}}$

$= 318\ \Omega$

(2) $I = \dfrac{V}{X_C} = \dfrac{100}{318} = 0.314\ \text{A}$

4 $X_C = \dfrac{1}{2\pi fC} = \dfrac{1}{2 \times 3.14 \times 60 \times 5 \times 10^{-6}}$

$= 531\ \Omega$

$I = \dfrac{V}{X_C} = \dfrac{100}{531} = 0.188\ \text{A}$

5 $X_C = \dfrac{V}{I} = \dfrac{100}{0.2} = 500\ \Omega$

$C = \dfrac{1}{\omega X_C} = \dfrac{1}{2\pi fX_C}$

$= \dfrac{1}{2 \times 3.14 \times 50 \times 500} = 6.37\ \mu\text{F}$

6 $C = \dfrac{1}{\omega X_C} = \dfrac{1}{120 \times 3.14 \times 10}$

$= 265\ \mu\text{F}$

$I = \dfrac{V}{X_C} = \dfrac{100}{10} = 10\ \text{A}$

$i = 10\sqrt{2} \sin\left(120\pi t + \dfrac{\pi}{2}\right) \text{[A]}$

7 $X_C = \dfrac{1}{\omega C} = \dfrac{1}{100 \times 3.14 \times 50 \times 10^{-6}} = 63.7\ \Omega$

$I = \dfrac{200}{63.7} = 3.14\ \text{A}$

$i = 3.14\sqrt{2} \sin\left(100\pi t + \dfrac{\pi}{6}\right) \text{[A]}$

(p.70) **3** 直列回路 —*RL* 直列回路—

1(1) $X_L = \omega L = 100\pi \times 25.5 \times 10^{-3} = 8\,\Omega$

(2) $Z = \sqrt{6^2 + 8^2} = 10\,\Omega$

(3) $V = 100\,\text{V}$　$I = \dfrac{100}{10} = 10\,\text{A}$

　　$V_L = 10 \times 8 = 80\,\text{V}$　$V_R = 10 \times 6 = 60\,\text{V}$

(4) $\theta = \tan^{-1}\dfrac{8}{6} = 0.927\,\text{rad} = 53.1°$

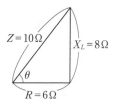
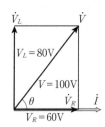

(5) ①θ　②遅れて

(6) $i = \sqrt{2}\,I\sin(\omega t - \theta)$

　　$= 10\sqrt{2}\,\sin(100\pi t - 0.927)\,[\text{A}]$

2(1) $Z = \sqrt{R^2 + X_L^2} = \sqrt{2^2 + 2^2} = 2.83\,\Omega$

　　$I = \dfrac{V}{Z} = \dfrac{10}{2.83} = 3.53\,\text{A}$

(2) $X_L = \omega L = 2\pi f L$

　　$L = \dfrac{X_L}{2\pi f} = \dfrac{2}{2 \times 3.14 \times 50} = 6.37\,\text{mH}$

(3) $V_R = IR = 3.53 \times 2 = 7.06\,\text{V}$

　　$V_L = IX_L = 3.53 \times 2 = 7.06\,\text{V}$

(4) $\theta = \tan^{-1}\dfrac{X_L}{R} = \tan^{-1}\dfrac{2}{2} = \tan^{-1}1$

　　$= \dfrac{\pi}{4}\,\text{rad} = 45°$

3　$V_R = RI = 20 \times 5 = 100\,\text{V}$

　　$V = \sqrt{V_R^2 + V_L^2}$　$200 = \sqrt{100^2 + V_L^2}$

　　$V_L = 173\,\text{V}$　$X_L = \dfrac{V_L}{I} = \dfrac{173}{5} = 34.6\,\Omega$

4　$Z = \dfrac{V}{I} = \dfrac{100}{10} = 10\,\Omega$

　　$R = Z\cos\theta = 10 \times \cos\dfrac{\pi}{6} = 8.66\,\Omega$

　　$X_L = Z\sin\theta = 10 \times \sin\dfrac{\pi}{6} = 5\,\Omega$

(p.72) **3** 直列回路 —*RC* 直列回路—

1(1) $X_C = \dfrac{1}{\omega C} = \dfrac{1}{100 \times 3.14 \times 398 \times 10^{-6}}$

　　$= 8\,\Omega$

(2) $Z = \sqrt{R^2 + (X_C)^2} = \sqrt{6^2 + 8^2} = 10\,\Omega$

(3) $V = 100\,\text{V}$　$I = \dfrac{V}{Z} = \dfrac{100}{10} = 10\,\text{A}$

　　$V_C = IX_C = 10 \times 8 = 80\,\text{V}$

　　$V_R = IR = 10 \times 6 = 60\,\text{V}$

(4) $\theta = \tan^{-1}\left(\dfrac{8}{6}\right) = 0.927\,\text{rad} = 53.1°$

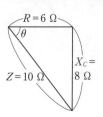
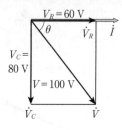

(5) ①θ　②進んで

(6) $i = \sqrt{2}\,I\sin(\omega t + \theta)$

　　$= 10\sqrt{2}\,\sin(100\pi t + 0.927)\,[\text{A}]$

2(1) $X_C = \dfrac{1}{2\pi \times 60 \times 220 \times 10^{-6}} = 12.1\,\Omega$

(2) $Z = \sqrt{R^2 + X_C^2} = \sqrt{8^2 + 12.1^2} = 14.5\,\Omega$

3(1) $Z = \sqrt{4^2 + 3^2} = 5\,\Omega$

　　$I = \dfrac{V}{Z} = \dfrac{10}{5} = 2\,\text{A}$

(2) $C = \dfrac{1}{\omega X_C} = \dfrac{1}{2\pi \times 50 \times 3} = 1\,061\,\mu\text{F}$

(3)

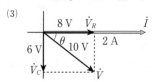

(4) $\theta = \tan^{-1}\left(\dfrac{X_C}{R}\right) = \tan^{-1}\left(\dfrac{3}{4}\right)$

　　$\theta = 0.644\,\text{rad} = 36.9°$

4　$X_C = \dfrac{1}{2\pi f C}$

　　$= \dfrac{1}{2 \times 3.14 \times 5 \times 10^3 \times \left(\dfrac{10}{3.14}\right) \times 10^{-6}}$

　　$= 10\,\Omega$

　　$Z = \sqrt{R^2 + X_C^2} = \sqrt{20^2 + 10^2} = 22.4\,\Omega$

　　$I = \dfrac{V}{Z} = \dfrac{100}{22.4} = 4.46\,\text{A}$

　　$\theta = \tan^{-1}\left(\dfrac{X_C}{R}\right) = \tan^{-1}\left(\dfrac{10}{20}\right)$

　　$= 26.6° = 0.464\,\text{rad}$

(p.74) **3** 直列回路 —*RLC* 直列回路—

1(1) ①遅れる　②誘導

(2) ③0　④同相　⑤$\dfrac{V}{R}$　⑥最大

(3) ⑦進む　⑧容量

2(1) $Z = \sqrt{4^2 + (8-5)^2} = 5\,\Omega$

　　$I = \dfrac{100}{5} = 20\,\text{A}$

(2) $V_R = IR = 20 \times 4 = 80\,\text{V}$

　　$V_L = IX_L = 20 \times 8 = 160\,\text{V}$

　　$V_C = IX_C = 20 \times 5 = 100\,\text{V}$

(3) ①5　②8　③4　④3　⑤5

(4) $\theta = \tan^{-1}\left(\dfrac{8-5}{4}\right) = 0.644\,\mathrm{rad} = 36.9°$

(5) $36.9°$ 遅れている。

3(1) $Z = \sqrt{R^2 + (X_L - X_C)^2}$

$\qquad = \sqrt{8^2 + (6-12)^2} = 10\,\Omega$

$\qquad I = \dfrac{V}{Z} = \dfrac{100}{10} = 10\,\mathrm{A}$

(2) $\theta = \tan^{-1}\left(\dfrac{|X_L - X_C|}{R}\right)$

$\qquad \theta = \tan^{-1}\left(\dfrac{|6-12|}{8}\right) = 0.644\,\mathrm{rad}$

$\qquad i = \sqrt{2}\,I\sin(\omega t + \theta)\quad (X_L < X_C \text{ のため})$

$\qquad = 10\sqrt{2}\,\sin(100\pi t + 0.644)\,[\mathrm{A}]$

4(1) $f_0 = \dfrac{1}{2\pi\sqrt{LC}}$

$\qquad = \dfrac{1}{2 \times 3.14 \times \sqrt{1 \times 10^{-3} \times 1 \times 10^{-6}}}$

$\qquad = 5.03\,\mathrm{kHz}$

(2) $I = \dfrac{V}{R} = \dfrac{1}{1} = 1\,\mathrm{A}$

$\qquad V_R = RI = 1\,\mathrm{V}$

$\qquad V_L = 2\pi f_0 LI$

$\qquad = 2 \times 3.14 \times 5.03 \times 10^3 \times 1 \times 10^{-3} \times 1 = 31.6\,\mathrm{V}$

$\qquad V_C = \dfrac{I}{2\pi f_0 C}$

$\qquad = \dfrac{1}{2 \times 3.14 \times 5.03 \times 10^3 \times 1 \times 10^{-6}}$

$\qquad = 31.7\,\mathrm{V}$

(p.76) **4** 並列回路 —RL 並列回路—

1(1) $Z = \dfrac{1}{\sqrt{\left(\dfrac{1}{R}\right)^2 + \left(\dfrac{1}{X_L}\right)^2}}$

$\qquad = \dfrac{1}{\sqrt{\left(\dfrac{1}{4}\right)^2 + \left(\dfrac{1}{8}\right)^2}} = 3.58\,\Omega$

$\qquad I = \dfrac{V}{Z} = \dfrac{15}{3.58} = 4.19\,\mathrm{A}$

(2) $L = \dfrac{X_L}{2\pi f} = \dfrac{8}{2 \times 3.14 \times 60}$

$\qquad = 21.2 \times 10^{-3} = 21.2\,\mathrm{mH}$

(3) $I_R = \dfrac{V}{R} = \dfrac{15}{4} = 3.75\,\mathrm{A}$

$\qquad I_L = \dfrac{V}{X_L} = \dfrac{15}{8} = 1.88\,\mathrm{A}$

(4) $\theta = \tan^{-1}\dfrac{R}{X_L} = \tan^{-1}\dfrac{4}{8} = 26.6°$

(5)

(p.77) **4** 並列回路 —RC 並列回路—

1(1) $Z = \dfrac{1}{\sqrt{\left(\dfrac{1}{R}\right)^2 + \left(\dfrac{1}{X_C}\right)^2}}$

$\qquad = \dfrac{1}{\sqrt{\left(\dfrac{1}{5}\right)^2 + \left(\dfrac{1}{4}\right)^2}} = 3.12\,\Omega$

$\qquad I = \dfrac{V}{Z} = \dfrac{60}{3.12} = 19.2\,\mathrm{A}$

(2) $C = \dfrac{1}{2\pi f X_C} = \dfrac{1}{2 \times 3.14 \times 50 \times 4}$

$\qquad = 796\,\mu\mathrm{F}$

(3) $I_R = \dfrac{V}{R} = \dfrac{60}{5} = 12\,\mathrm{A}$

$\qquad I_C = \dfrac{V}{X_C} = \dfrac{60}{4} = 15\,\mathrm{A}$

(4) $\theta = \tan^{-1}\dfrac{R}{X_C} = \tan^{-1}\dfrac{5}{4} = 51.3°$

(5)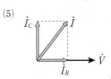

(p.78) **4** 並列回路 —RLC 並列回路—

1(1) $Z = \dfrac{1}{\sqrt{\left(\dfrac{1}{R}\right)^2 + \left(\dfrac{1}{X_C} - \dfrac{1}{X_L}\right)^2}}$

$\qquad = \dfrac{1}{\sqrt{\left(\dfrac{1}{4}\right)^2 + \left(\dfrac{1}{12} - \dfrac{1}{8}\right)^2}}$

$\qquad = 3.95\,\Omega$

$\qquad I = \dfrac{V}{Z} = \dfrac{80}{3.95} = 20.3\,\mathrm{A}$

(2) $I_R = \dfrac{V}{R} = \dfrac{80}{4} = 20\,\mathrm{A}$

$\qquad I_L = \dfrac{V}{X_L} = \dfrac{80}{8} = 10\,\mathrm{A}$

$\qquad I_C = \dfrac{V}{X_C} = \dfrac{80}{12} = 6.67\,\mathrm{A}$

(3) $\theta = \tan^{-1}\left|\dfrac{1}{X_C} - \dfrac{1}{X_L}\right|R$

$\qquad = \tan^{-1}\left(\left|\dfrac{1}{12} - \dfrac{1}{8}\right| \times 4\right)$

$\qquad = 9.46°$

誘導性

(4)

2 $f_0 = \dfrac{1}{2\pi\sqrt{LC}}$

$\qquad = \dfrac{1}{2\pi\sqrt{5 \times 10^{-3} \times 0.04 \times 10^{-6}}}$

$\qquad = \mathbf{11.3\,kHz}$

(p.79) **3** 交流回路の電力

(p.79) **1** 交流の電力と力率

1 ①瞬時電力

②平均電力（交流電力，消費電力，有効電力）

③力率

2(1) $Z = \sqrt{R^2 + X_L{}^2} = \sqrt{10^2 + 31.4^2}$

$\qquad = 33.0\,\Omega$

$\qquad I = \dfrac{V}{Z} = \dfrac{100}{33.0} = 3.03\,A$

$\qquad \theta = \tan^{-1}\left(\dfrac{X_L}{R}\right) = \tan^{-1}\left(\dfrac{31.4}{10}\right) = 72.3°$

$\qquad P = VI\cos\theta = 100 \times 3.03 \times \cos 72.3°$

$\qquad = \mathbf{92.1\,W}$

(2) $X_L' = 2X_L = 2 \times 31.4 = 62.8\,\Omega$

$\qquad Z = \sqrt{R^2 + X_L'^2} = \sqrt{10^2 + 62.8^2} = 63.6\,\Omega$

$\qquad I = \dfrac{V}{Z} = \dfrac{100}{63.6} = 1.57\,A$

$\qquad \theta = \tan^{-1}\left(\dfrac{X_L}{R}\right) = \tan^{-1}\left(\dfrac{62.8}{10}\right) = 81.0°$

$\qquad P = VI\cos\theta = 100 \times 1.57 \times \cos 81.0°$

$\qquad = \mathbf{24.5\,W}$

3 $Z = \sqrt{R^2 + X_C{}^2} = \sqrt{5^2 + 5^2} = 7.07\,\Omega$

$\qquad I = \dfrac{V}{Z} = \dfrac{100}{7.07} = 14.1\,A$

$\qquad \cos\theta = \dfrac{R}{Z} = \dfrac{5}{7.07} = 0.707$

$\qquad P = VI\cos\theta = 100 \times 14.1 \times 0.707 = \mathbf{997\,W}$

4 $\cos\theta = \dfrac{P}{VI} = \dfrac{500}{100 \times 6} = \mathbf{0.833}$

5 $X_L = 2\pi fL = 2 \times 3.14 \times 50 \times 31.84 \times 10^{-3}$

$\qquad = 10.0\,\Omega$

$\qquad Z = \sqrt{10^2 + 10^2} = 14.1\,\Omega$

$\qquad I = \dfrac{V}{Z} = \dfrac{100}{14.1} = 7.09\,A$

$\qquad \cos\theta = \dfrac{R}{Z} = \dfrac{10}{14.1} = 0.709$

$\qquad P = VI\cos\theta = 100 \times 7.09 \times 0.709 = \mathbf{503\,W}$

(p.80) **2** 皮相電力，有効電力，無効電力

1 ①皮相　②有効　③無効

2 $\cos\theta = \dfrac{P}{VI} = \dfrac{800}{100 \times 10} = 0.8$

$\qquad \sin\theta = \sqrt{1 - 0.8^2} = \sqrt{1 - 0.64} = \sqrt{0.36} = 0.6$

3 $P = VI\cos\theta\,[\mathrm{W}]$

$\qquad \cos\theta = \dfrac{P}{VI} = \dfrac{5\,000}{200 \times 35} = 0.714$

$\qquad S = VI = 200 \times 35 = 7\,000\,\mathrm{V \cdot A} = \mathbf{7\,kV \cdot A}$

$\qquad Q = \sqrt{S^2 - P^2} = \sqrt{7^2 - 5^2} = \mathbf{4.9\,kvar}$

4(1) $X_L = \omega L = 100\pi \times 10 \times 10^{-3} = 3.14\,\Omega$

$\qquad X_C = \dfrac{1}{\omega C} = \dfrac{1}{100\pi \times 100 \times 10^{-6}} = 31.8\,\Omega$

$\qquad Z = \sqrt{R^2 + (X_L - X_C)^2}$

$\qquad\quad = \sqrt{40^2 + (3.14 - 31.8)^2}$

$\qquad\quad = 49.2\,\Omega$

$\qquad I = \dfrac{V}{Z} = \dfrac{100}{49.2} = \mathbf{2.03\,A}$

(2) $\theta = \tan^{-1}\left(\dfrac{|X_L - X_C|}{R}\right)$

$\qquad = \tan^{-1}\left(\dfrac{|3.14 - 31.8|}{40}\right)$

$\qquad = \mathbf{0.622\,rad}$

$\qquad \cos\theta = \cos 0.622 = 0.813$　力率 $= \mathbf{81.3\,\%}$

$\qquad \sin\theta = \sin 0.622 = 0.583$　無効率 $= \mathbf{58.3\,\%}$

(3) $P = VI\cos\theta = 100 \times 2.03 \times 0.813$

$\qquad = \mathbf{165\,W}$

$\qquad S = VI = 100 \times 2.03 = \mathbf{203\,V \cdot A}$

$\qquad Q = VI\sin\theta = 100 \times 2.03 \times 0.583$

$\qquad = \mathbf{118\,var}$

(p.81) 第5章　総合問題

1 実効値 V　100 V，最大値 V_m　141 V

$\qquad$平均値 V_a　$\dfrac{282}{3.14} = 90\,\mathrm{V}$

$\qquad$角周波数 ω　314 rad/s

$\qquad$周波数 f　50 Hz，周期 T　20 ms

$\qquad$瞬時値　$v = \sqrt{2} \cdot 100\sin 30° = \sqrt{2} \times 100 \times \dfrac{1}{2}$

$\qquad\qquad\qquad = \mathbf{70.7\,V}$

2 (ウ)

$\qquad Z = \sqrt{R^2 + X_L{}^2}$　　$I = \dfrac{V}{Z} = \dfrac{V}{\sqrt{R^2 + X_L{}^2}}$

$\qquad V_X = X_L I = \dfrac{X_L V}{\sqrt{R^2 + X_L{}^2}}$

3 $V_R = RI = 5 \times 10 = \mathbf{50\,V}$

$\qquad V_C = \dfrac{I}{2\pi fC} = \dfrac{10}{2 \times 3.14 \times 500 \times 100 \times 10^{-6}}$

$\qquad = \mathbf{31.8\,V}$

$\qquad V = \sqrt{V_R{}^2 + V_C{}^2} = \sqrt{50^2 + 31.8^2} = \mathbf{59.3\,V}$

4 $R = \dfrac{V}{I} = \dfrac{100}{2.5} = 40\ \Omega$

$Z = \dfrac{V}{I} = \dfrac{100}{2} = 50\ \Omega$

$Z = \sqrt{R^2 + X_L{}^2} \qquad X_L{}^2 = Z^2 - R^2$

$X_L = \sqrt{Z^2 - R^2}$

$X_L = \sqrt{2\,500 - 1600} = 30\ \Omega$

$L = \dfrac{X_L}{2\pi f} = \dfrac{30}{314} = 95.5\ \mathrm{mH}$

5 $I_L = \dfrac{V}{X_L} = \dfrac{12}{4} = 3\ \mathrm{A}$

$I_R = \dfrac{V}{R} = \dfrac{12}{3} = 4\ \mathrm{A}$

$I = \sqrt{I_R{}^2 + I_L{}^2} = \sqrt{4^2 + 3^2} = 5\ \mathrm{A}$

6 $R = \dfrac{100}{25} = 4\ \Omega \qquad Z = \dfrac{Z}{I} = \dfrac{100}{20} = 5\ \Omega$

$X_L = \sqrt{Z^2 - R^2} = \sqrt{5^2 - 4^2} = 3\ \Omega$

7 $x = 2 + 1 = 3\ \mu\mathrm{F}$

8 電流　$I = \dfrac{0.5}{\sqrt{40^2 + 30^2}} = 0.01\ \mathrm{A}$

力率　$\cos\theta = \dfrac{40}{\sqrt{40^2 + 30^2}} = 0.8$

9 $f = \dfrac{1}{2\pi\sqrt{LC}} = \dfrac{1}{2 \times 3.14 \times \sqrt{2 \times 2 \times 10^{-6}}}$

$= 79.6\ \mathrm{Hz}$

$I = \dfrac{V}{R} = \dfrac{10}{100} = 0.1\ \mathrm{A}$

10 $\theta = \dfrac{\pi}{4}$ なので，$R = \dfrac{1}{2\pi fC}$ がなりたつ。

$f = \dfrac{1}{6.28 \times 1 \times 10^{-6} \times 10} = \dfrac{10^5}{6.28}$

$= 15.9\ \mathrm{kHz}$

$V_R = V_C = \dfrac{100}{\sqrt{2}} = 70.7\ \mathrm{V}$

11(1)　それぞれ $\dfrac{2\pi}{3}\ \mathrm{rad}$

(2)　$v_a = \sqrt{2} \cdot 100\sin\pi = 0\ \mathrm{V}$

$v_b = \sqrt{2} \cdot 100\sin\left(100\pi \times 0.01 - \dfrac{2}{3}\pi\right)$

$= \sqrt{2} \cdot 100\sin\left(\dfrac{\pi}{3}\right)$

$= 1.41 \times 100 \times \dfrac{1.73}{2} = 122\ \mathrm{V}$

$v_c = \sqrt{2} \cdot 100\sin\left(-\dfrac{\pi}{3}\right) = -122\ \mathrm{V}$

$v_a + v_b + v_c = 0 + 122 - 122 = 0\ \mathrm{V}$

12(1)　$Z = \dfrac{V}{I} = \dfrac{100}{2} = 50\ \Omega$

(2)　$\cos\theta = \dfrac{P}{VI} = \dfrac{160}{100 \times 2} = 0.8$

(3)　$R = Z\cos\theta = 50 \times 0.8 = 40\ \Omega$

$X_L = \sqrt{Z^2 - R^2} = \sqrt{50^2 - 40^2} = 30\ \Omega$

第6章　交流回路の計算

(p.84)　**1**　記号法の取り扱い

(p.84)　**1**　複素数とベクトル　—複素数—

1(1)　①虚数　②j　③-1

(2)　④複素数　⑤ドット　⑥$a + jb$

(3)　⑦実部　⑧虚部

(4)　⑨共役複素数　⑩$\dot{Z}$

2(1)　①$a_1 + a_2$　②$b_1 + b_2$

(2)　③$a_1 - a_2$　④$b_1 - b_2$

(3)　⑤$a_1a_2 - b_1b_2$　⑥$a_1b_2 + a_2b_1$

(4)　⑦$a_2 - jb_2$　⑧$a_1a_2 + b_1b_2$　⑨$a_2b_1 - a_1b_2$

⑩$a_1a_2 + b_1b_2$　⑪$a_2b_1 - a_1b_2$

3(1)　$j^2 = -1$　(2)　$-j^2 = 1$

(3)　$\dfrac{-j}{j} = -1$　(4)　$\dfrac{1}{j} = \dfrac{j}{j^2} = -j$

4(1)　和 $= (5 + 4) + j(12 - 3) = 9 + j9$

差 $= (5 - 4) - j(3 + 12) = 1 - j15$

(2)　和 $= (-20 + 10) + j(5 - 15) = -10 - j10$

差 $= (-20 - 10) + j(5 + 15) = -30 + j20$

(3)　和 $= (R_1 + R_2) + j(\omega L_1 + \omega L_2)$

差 $= (R_1 - R_2) + j(\omega L_1 - \omega L_2)$

(4)　和 $= \left(-\dfrac{1}{2} - \dfrac{1}{2}\right) + j\left(\dfrac{\sqrt{3}}{2} - \dfrac{\sqrt{3}}{2}\right) = -1$

差 $= \left(-\dfrac{1}{2} + \dfrac{1}{2}\right) + j\left(\dfrac{\sqrt{3}}{2} + \dfrac{\sqrt{3}}{2}\right) = j\sqrt{3}$

5(1)　与式 $= 12 - j9 + j16 + 12 = 24 + j7$

(2)　与式 $= 15 + j15 + j15 - 15 = j30$

(3)　与式 $= 2 - j3 + j4 + 6 = 8 + j$

(4)　与式 $= \dfrac{(6 + j8)(2 - j2)}{(2 + j2)(2 - j2)}$

$= \dfrac{12 - j12 + j16 + 16}{4 + 4} = \dfrac{28 + j4}{8} = \dfrac{7 + j}{2}$

(5)　与式 $= \dfrac{100(3 - j4)}{(3 + j4)(3 - j4)} = \dfrac{300 - j400}{9 + 16}$

$= \dfrac{300}{25} - j\dfrac{400}{25} = 12 - j16$

(6)　与式 $= \dfrac{(4 + j)(5 + j5)}{(5 - j5)(5 + j5)}$

$= \dfrac{20 + j20 + j5 - 5}{25 + 25} = \dfrac{15 + j25}{50} = \dfrac{3}{10} + j\dfrac{1}{2}$

(p.86)　**1**　複素数とベクトル　—複素平面—

1(1)　①複素平面　②実軸　③虚軸

(2)　④絶対値　⑤$\sqrt{a^2 + b^2}$

2(1)　$\dot{a} = 3 + j2$

$a = \sqrt{3^2 + 2^2} = \sqrt{13} = 3.61$

(2)　$\dot{b} = -4 + j3$

$b = \sqrt{(-4)^2 + 3^2} = \sqrt{16 + 9} = \sqrt{25} = 5$

(3) $\dot{c} = -3 - j6$

$\qquad c = \sqrt{(-3)^2 + (-6)^2} = \sqrt{9 + 36}$

$\qquad = \sqrt{45} = 6.71$

(4) $\dot{d} = 2 - j5$

$\qquad d = \sqrt{2^2 + (-5)^2} = \sqrt{4 + 25} = \sqrt{29} = 5.39$

3 (1) $\sqrt{(-3)^2 + 4^2} = \sqrt{9 + 16} = \sqrt{25} = 5$

(2) $\sqrt{16^2 + 12^2} = \sqrt{256 + 144} = \sqrt{400} = 20$

(3) $\sqrt{9^2 + 9^2} = \sqrt{81 + 81} = \sqrt{162} = 9\sqrt{2} = 12.7$

(4) $\sqrt{(-3)^2 + (-6)^2} = \sqrt{9 + 36} = \sqrt{45}$

$\qquad\qquad\qquad\qquad\qquad\qquad = 6.71$

(p.87) **1** 複素数とベクトル　—三角関数表示—

1 (1) ①偏角　②$\dfrac{b}{a}$

(2) ③$z\cos\theta$　④$z\sin\theta$

(3) ⑤$z\cos\theta + jz\sin\theta$　⑥$z(\cos\theta + j\sin\theta)$

⑦三角関数

2 (1) $z = \sqrt{3^2 + (3\sqrt{3})^2} = \sqrt{36} = 6$

$\qquad \theta = \tan^{-1}\dfrac{3\sqrt{3}}{3} = \tan^{-1}\sqrt{3} = \dfrac{\pi}{3}$ rad

$\qquad \dot{z} = 6\left(\cos\dfrac{\pi}{3} + j\sin\dfrac{\pi}{3}\right)$

(2) $Z = \sqrt{4^2 + 3^2} = \sqrt{25} = 5$

$\qquad \theta = \tan^{-1}\dfrac{3}{4} = 0.644$ rad

$\qquad \dot{z} = 5(\cos 0.644 + j\sin 0.644)$

(3) $z = \sqrt{2^2 + (-2\sqrt{3})^2} = 4$

$\qquad \theta = \tan^{-1}\dfrac{-2\sqrt{3}}{2} = \tan^{-1}\dfrac{-\sqrt{3}}{1}$

$\qquad = -\dfrac{\pi}{3}$ rad

$\qquad \dot{z} = 4\left\{\cos\left(-\dfrac{\pi}{3}\right) + j\sin\left(-\dfrac{\pi}{3}\right)\right\}$

$\qquad = 4\left\{\cos\dfrac{\pi}{3} - j\sin\dfrac{\pi}{3}\right\}$

(4) $z = \sqrt{(2\sqrt{3})^2 + (-2)^2} = 4$

$\qquad \theta = \tan^{-1}\dfrac{-2}{2\sqrt{3}} = \tan^{-1}\dfrac{-1}{\sqrt{3}}$

$\qquad = -\dfrac{\pi}{6}$ rad

$\qquad \dot{z} = 4\left\{\cos\left(-\dfrac{\pi}{6}\right) + j\sin\left(-\dfrac{\pi}{6}\right)\right\}$

$\qquad = 4\left\{\cos\dfrac{\pi}{6} - j\sin\dfrac{\pi}{6}\right\}$

(p.88) **1** 複素数とベクトル

　　　　　　—指数関数表示と極座標表示—

1 (1) ①$z\varepsilon^{j\theta}$　②指数関数

(2) ③極座標

2 (1) $z = \sqrt{3^2 + 4^2} = 5$

$\qquad \theta = \tan^{-1}\dfrac{4}{3} = 0.927$ rad

$\qquad \dot{z} = 5\varepsilon^{j0.927},\ \ \dot{z} = 5\angle 0.927$

(2) $z = \sqrt{8^2 + (-6)^2} = 10$

$\qquad \theta = \tan^{-1}\left(-\dfrac{6}{8}\right) = -0.644$ rad

$\qquad \dot{z} = 10\varepsilon^{j(-0.644)},\ \ \dot{z} = 10\angle -0.644$

(3) $z = \sqrt{1^2 + (\sqrt{3})^2} = 2$

$\qquad \theta = \tan^{-1}\dfrac{\sqrt{3}}{1} = \dfrac{\pi}{3}$ rad

$\qquad \dot{z} = 2\varepsilon^{j\frac{\pi}{3}},\ \ \dot{z} = 2\angle\dfrac{\pi}{3}$

(4) $z = \sqrt{3^2 + 3^2} = 3\sqrt{2}$

$\qquad \theta = \tan^{-1}\dfrac{3}{3} = \dfrac{\pi}{4}$ rad

$\qquad \dot{z} = 3\sqrt{2}\,\varepsilon^{j\frac{\pi}{4}},\ \ \dot{z} = 3\sqrt{2}\angle\dfrac{\pi}{4}$

3 (1) $\sqrt{2}\left(\cos\dfrac{\pi}{4} + j\sin\dfrac{\pi}{4}\right) = 1 + j$

(2) $6\left(\cos\dfrac{\pi}{6} + j\sin\dfrac{\pi}{6}\right) = 3\sqrt{3} + j3$

　　または　$5.20 + j3$

(3) $4\left\{\cos\left(-\dfrac{\pi}{3}\right) + j\sin\left(-\dfrac{\pi}{3}\right)\right\} = 2 - j2\sqrt{3}$

　　または　$2 - j3.46$

(4) $10\left(\cos\dfrac{\pi}{6} + j\sin\dfrac{\pi}{6}\right) = 5\sqrt{3} + j5$

　　または　$8.65 + j5$

(5) $8\left(\cos\dfrac{\pi}{2} + j\sin\dfrac{\pi}{2}\right) = j8$

(6) $5\left\{\cos\left(-\dfrac{\pi}{4}\right) + j\sin\left(-\dfrac{\pi}{4}\right)\right\}$

$\qquad = \dfrac{5}{\sqrt{2}} - j\dfrac{5}{\sqrt{2}}$

　　または　$3.55 - j3.55$

(p.89) **1** 複素数とベクトル

　　　　　　—複素数の積・商と応用例—

1 (1) ①$z_1 z_2 \angle(\theta_1 + \theta_2)$

(2) ②$\dfrac{z_1}{z_2}\angle(\theta_1 - \theta_2)$

(3) ③$\dfrac{1}{z_2}\angle(-\theta_2)$

(4) ④$z_2\angle(\theta + \theta_2)$　⑤$z_2\angle(\theta_2 - \theta)$

(5) ⑥$\left(\theta_2 + \dfrac{\pi}{2}\right)$　⑦$\left(\theta_2 - \dfrac{\pi}{2}\right)$

2 (1) 与式 $= 20 \times 5\varepsilon^{j\left(\frac{2}{9}\pi + \frac{1}{9}\pi\right)}$

$\qquad = 100\varepsilon^{j\frac{1}{3}\pi} = 100\angle\dfrac{\pi}{3}$

(2) 与式 $= 20 \times 4\angle\left(\dfrac{\pi}{3} - \dfrac{\pi}{6}\right)$

$\qquad = 80\angle\left(\dfrac{2}{6}\pi - \dfrac{\pi}{6}\right) = 80\angle\dfrac{\pi}{6}$

(3) 与式 $= 1\angle\dfrac{\pi}{2} \times 30\angle\dfrac{\pi}{4} = 30\angle\dfrac{3}{4}\pi$

(4) 与式 $= 10\angle\dfrac{\pi}{6} \times 10\angle-\dfrac{\pi}{3}$

$\qquad = 100\angle\left(\dfrac{\pi}{6} - \dfrac{2}{6}\pi\right) = 100\angle-\dfrac{\pi}{6}$

3 (1) 与式 $= \dfrac{50}{5}\angle\left(-\dfrac{\pi}{3} + \dfrac{\pi}{6}\right)$

$\qquad = 10\angle\left(-\dfrac{2}{6}\pi + \dfrac{\pi}{6}\right) = 10\angle-\dfrac{\pi}{6}$

(2) 与式 $= \dfrac{20}{5}\varepsilon^{j\left(\frac{2}{3}\pi + \frac{\pi}{6}\right)}$

$\qquad = 4\angle\left(\dfrac{4}{6}\pi + \dfrac{1}{6}\pi\right) = 4\angle\dfrac{5}{6}\pi$

(3) 与式 $= 80\angle\dfrac{3}{4}\pi \div 2\angle\dfrac{1}{2}\pi = 40\angle\dfrac{1}{4}\pi$

(4) 与式 $= \dfrac{10}{2}\angle\left(0 - \dfrac{\pi}{4}\right) = 5\angle-\dfrac{\pi}{4}$

(5) 与式 $= 1\angle 0 \div 2\angle\dfrac{1}{6}\pi = \dfrac{1}{2}\angle-\dfrac{1}{6}\pi$

(6) 与式 $= \dfrac{10\angle\dfrac{\pi}{3}}{10\angle\dfrac{\pi}{6}} = 1\angle\left(\dfrac{\pi}{3} - \dfrac{\pi}{6}\right) = 1\angle\dfrac{\pi}{6}$

(p.90) **2** **複素数による V, I, Z の表示法**

1 (1) ①複素インピーダンス ②$\dfrac{\dot{V}}{\dot{I}}$

(2) ③絶対値 ④大きさ (③, ④は順不同)
$\quad$ ⑤インピーダンスの偏角

(3) ⑥記号法

2 (1) ①R ②R

(2) ③$j\omega L$ ④$\dfrac{V}{\omega L}$

$\quad$ ⑤ωL ⑥$\omega L\angle\dfrac{1}{2}\pi$

(3) ⑦$j\omega C$ ⑧$\dfrac{1}{\omega C}$

$\quad$ ⑨$\dfrac{1}{\omega C}\angle-\dfrac{1}{2}\pi$

3 (1) $\dot{I} = \dfrac{120}{50} = 2.4\angle 0$ A

(2) $\dot{I} = \dfrac{120}{j24} = -j5$

$\qquad = 5\angle-\dfrac{\pi}{2}$ A

(3) $\dot{I} = \dfrac{120}{-j20} = j6 = 6\angle\dfrac{\pi}{2}$ A

4 $\dot{X}_L = j2\pi fL$

$\qquad = j2\pi \times 50 \times 50 \times 10^{-3}$

$\qquad = j15.7 = 15.7\angle\dfrac{\pi}{2}$ Ω

$\dot{I} = \dfrac{\dot{V}}{\dot{X}_L} = \dfrac{100}{15.7\angle\dfrac{\pi}{2}} = \dfrac{100}{15.7}\angle-\dfrac{\pi}{2}$

$\qquad = 6.37\angle-\dfrac{\pi}{2}$ A

5 $\dot{X}_C = \dfrac{1}{j2\pi \times 60 \times 50 \times 10^{-6}}$

$\qquad = \dfrac{10^6}{j2\pi \times 3 \times 10^3} = 53.1\angle-\dfrac{\pi}{2}$ Ω

$\dot{I} = \dfrac{\dot{V}}{\dot{X}_C} = \dfrac{100\angle-\dfrac{\pi}{6}}{53.1\angle-\dfrac{\pi}{2}}$

$\qquad = \dfrac{100}{53.1}\angle-\dfrac{\pi}{6} + \dfrac{\pi}{2} = 1.88\angle\dfrac{\pi}{3}$ A

(p.92) **2** **記号法による計算**

(p.92) **1** **直列回路**

$\qquad$ —RL 直列回路，RC 直列回路—

1 (1) ①$R + j\omega L$ ②$\sqrt{R^2 + (\omega L)^2}$

(2) ③$\dfrac{\omega L}{R}$

2 (1) ①$R - j\dfrac{1}{\omega C}$ ②$\sqrt{R^2 + \left(\dfrac{1}{\omega C}\right)^2}$

(2) ③$-\dfrac{1}{\omega CR}$

3 (1) $\dot{Z}_{50} = 15 + j2\pi \times 50 \times 30 \times 10^{-3}$

$\qquad = 15 + j9.42$ Ω

$\quad \dot{Z}_{60} = 15 + j2\pi \times 60 \times 30 \times 10^{-3}$

$\qquad = 15 + j11.3$ Ω

(2) $Z_{50} = \sqrt{15^2 + 9.42^2} = 17.7$ Ω

$\quad \theta_{50} = \tan^{-1}\dfrac{9.42}{15} = 0.561$ rad

$\quad \dot{Z}_{50} = 17.7\angle 0.561$ Ω

$\quad Z_{60} = \sqrt{15^2 + 11.3^2} = 18.8$ Ω

$\quad \theta_{60} = \tan^{-1}\dfrac{11.3}{15} = 0.646$ rad

$\quad \dot{Z}_{60} = 18.8\angle 0.646$ Ω

4 (1) $\dot{Z} = 80 - j\dfrac{1}{2\pi \times 50 \times 53 \times 10^{-6}}$

$\qquad = 80 - j60$ Ω

(2) $Z = \sqrt{80^2 + (-60)^2} = 100$ Ω

$\quad \theta = \tan^{-1}\dfrac{-60}{80} = -0.644$ rad

$\quad \dot{Z} = 100\angle-0.644$ Ω

(3) $\dot{I} = \dfrac{\dot{V}}{\dot{Z}} = \dfrac{100\angle\dfrac{1}{6}\pi}{100\angle(-0.644)} = 1\angle 1.17$ A

1 直列回路 −RLC直列回路−

1(1) ① $R + j\left(\omega L - \dfrac{1}{\omega C}\right)$ ② $\sqrt{R^2 + \left(\omega L - \dfrac{1}{\omega C}\right)^2}$

(2) ③ $\dfrac{\omega L - \dfrac{1}{\omega C}}{R}$

(3) ④抵抗 ⑤リアクタンス

2(1) $\dot{Z} = 30 + j(80 - 40) = 30 + j40\ \Omega$

(2) $Z = \sqrt{30^2 + 40^2} = 50\ \Omega$

(3) $\theta = \tan^{-1}\dfrac{40}{30} = 0.927\ \mathbf{rad}$

(4) $\dot{Z} = 50\angle 0.927\ \Omega$

3(1) $\dot{Z} = 10 + j(20 - 30) = 10 - j10\ \Omega$

(2) $Z = \sqrt{10^2 + (-10)^2} = 10\sqrt{2} = 14.1\ \Omega$

$\theta = \tan^{-1}\dfrac{-10}{10} = -\dfrac{1}{4}\pi\ \mathbf{rad}$

(3) $\dot{I} = \dfrac{\dot{V}}{\dot{Z}} = \dfrac{100}{14.1\angle -\dfrac{1}{4}\pi} = 7.09\angle\dfrac{1}{4}\pi\ \mathbf{A}$

4(1) $\dot{Z} = 40 + j(40 - 10) = 40 + j30\ \Omega$

(2) $\dot{V} = (40 + j30) \times 2 = 80 + j60\ \mathbf{V}$

$V = \sqrt{80^2 + 60^2} = 100\ \mathbf{V}$

$\theta = \tan^{-1}\dfrac{30}{40}$

$= 0.644\ \mathbf{rad}$

$\dot{V} = 100\angle 0.644\ \mathbf{V}$

(3) ベクトル図

5 $f_0 = \dfrac{1}{2\pi\sqrt{LC}}$

$= \dfrac{1}{2\pi\sqrt{15 \times 10^{-3} \times 0.37 \times 10^{-6}}}$

$= 2.14\ \mathbf{kHz}$

$Q = \dfrac{1}{2\pi f_0 CR}\left(= \dfrac{2\pi f_0 L}{R}\right)$

$= \dfrac{1}{2\pi \times 2.14 \times 10^3 \times 0.37 \times 10^{-6} \times 12}$

$= 16.8$

2 並列回路

−RL 並列回路, RC 並列回路−

1(1) ① $\dfrac{R\omega L}{\sqrt{R^2 + (\omega L)^2}}$ (2) ② $\dfrac{R}{\omega L}$

2(1) ① $\dfrac{R}{\sqrt{1 + (\omega CR)^2}}$ (2) ② $(-\omega CR)$

3 $Z = \dfrac{R\omega L}{\sqrt{R^2 + (\omega L)^2}} = \dfrac{30 \times 40}{\sqrt{30^2 + 40^2}} = 24\ \Omega$

$\theta = \tan^{-1}\dfrac{R}{\omega L} = \tan^{-1}\dfrac{30}{40} = 0.644\ \mathbf{rad}$

$\dot{Z} = 24\angle 0.644\ \Omega$

4 $Z = \dfrac{R}{\sqrt{1 + (\omega CR)^2}} = \dfrac{2}{\sqrt{1 + (2 \times 2)^2}}$

$= 0.485\ \Omega$

$\theta = \tan^{-1}(-\omega CR) = \tan^{-1}(-2 \times 2)$

$= -1.33\ \mathbf{rad}$

$\dot{Z} = 0.485\angle -1.33\ \Omega$

2 並列回路−アドミタンスによる計算−

1(1) ①アドミタンス ②ジーメンス [S]

(2) ③ $\dfrac{1}{\omega L} - \omega C$

(3) ④コンダクタンス ⑤サセプタンス

⑥ジーメンス [S]

(4) ⑦ $\sqrt{G^2 + B^2}$ ⑧ $\tan^{-1}\dfrac{B}{G}$

(5) ⑨容量 ⑩誘導

2 $\dot{Y} = \dfrac{1}{\dot{Z}} = \dfrac{1}{40 + j30}$

$= \dfrac{40}{40^2 + 30^2} - j\dfrac{30}{40^2 + 30^2}$

$= 0.016 - j0.012\ \mathbf{S}$

$Y = \sqrt{G^2 + B^2} = \sqrt{0.016^2 + (-0.012)^2} = 0.02\ \mathbf{S}$

$\theta' = \tan^{-1}\dfrac{B}{G} = \tan^{-1}\dfrac{-0.012}{0.016} = -0.644\ \mathbf{rad}$

$\dot{Y} = 0.02\angle -0.644\ \mathbf{S}$

3 $G = \dfrac{R}{R^2 + X_L{}^2} = \dfrac{10}{10^2 + 20^2} = 0.02\ \mathbf{S}$

$B = \dfrac{X_L}{R^2 + X_L{}^2} = \dfrac{20}{10^2 + 20^2}$

$= 0.04\ \mathbf{S}$

$\dot{Y} = 0.02 - j0.04\ \mathbf{S}$

4 $\dot{Y} = \dfrac{1}{R} + j\left(\dfrac{1}{X_C} - \dfrac{1}{X_L}\right)$

$= \dfrac{1}{30} + j\left(\dfrac{1}{60} - \dfrac{1}{20}\right)$

$= 0.033\,3 - j0.033\,3\ \mathbf{S}$

$\theta' = \tan^{-1}\dfrac{B}{G} = \tan^{-1}\dfrac{-0.033\,3}{0.033\,3} = -\dfrac{\pi}{4}\ \mathbf{rad}$

5 $Y = \sqrt{G^2 + B^2}$

$= \sqrt{0.033\,3^2 + (-0.033\,3)^2} = 0.047\,1\ \mathbf{S}$

誘導性

6(1) $\dot{Y}_1 = \dfrac{1}{R} = \dfrac{1}{5} = 0.2\ \mathbf{S}$

$\dot{Y}_2 = \dfrac{1}{X_C} = \dfrac{1}{-j5} = j0.2\ \mathbf{S}$

(2) $\dot{Y} = \dot{Y}_1 + \dot{Y}_2 = 0.2 + j0.2\ \mathbf{S}$

$Y = \sqrt{0.2^2 + 0.2^2} = 0.2\sqrt{2} = 0.283\ \mathbf{S}$

(3) $\dot{I} = \dot{V}\dot{Y} = 10(0.2 + j0.2) = 2 + j2\,\text{A}$

$\quad I = \sqrt{2^2 + 2^2} = 2\sqrt{2} = \textbf{2.83\,A}$

7(1) $\dot{Y}_1 = \dfrac{1}{20 + j15} = \dfrac{20 - j15}{(20 + j15)(20 - j15)}$

$\quad = \dfrac{20 - j15}{20^2 + 15^2} = \dfrac{20}{625} - j\dfrac{15}{625}$

$\quad = \textbf{0.032} - \textbf{\textit{j}0.024\,S}$

$\quad \dot{Y}_2 = \dfrac{1}{25} = \textbf{0.04\,S}$

(2) $\dot{Y} = \dot{Y}_1 + \dot{Y}_2 = 0.032 - j0.024 + 0.04$

$\quad = \textbf{0.072} - \textbf{\textit{j}0.024\,S}$

(3) $\dot{I} = \dot{V}\dot{Y} = 100(0.072 - j0.024)$

$\quad = \textbf{7.2} - \textbf{\textit{j}2.4\,A}$

$\quad I = \sqrt{7.2^2 + (-2.4)^2} = \textbf{7.59\,A}$

$\quad \theta = \tan^{-1}\dfrac{-2.4}{7.2} = -\textbf{0.322\,rad}$

8(1) $\dot{Y}_1 = \dfrac{1}{3 - j4} = \dfrac{3 + j4}{(3 - j4)(3 + j4)}$

$\quad = \dfrac{3 + j4}{9 + 16} = \dfrac{3}{25} + j\dfrac{4}{25} = \textbf{0.12} + \textbf{\textit{j}0.16\,S}$

(2) $\dot{Y}_2 = \dfrac{1}{2 + j4} = \dfrac{2 - j4}{(2 + j4)(2 - j4)}$

$\quad = \dfrac{2 - j4}{4 + 16} = \dfrac{2}{20} - j\dfrac{4}{20}$

$\quad = \textbf{0.1} - \textbf{\textit{j}0.2\,S}$

(3) $\dot{Y} = \dot{Y}_1 + \dot{Y}_2$

$\quad = 0.12 + j0.16 + 0.1 - j0.2$

$\quad = \textbf{0.22} - \textbf{\textit{j}0.04\,S}$

$\quad Y = \sqrt{0.22^2 + (-0.04)^2} = \textbf{0.224\,S}$

$\quad \theta' = \tan^{-1}\dfrac{-0.04}{0.22} = -\textbf{0.180\,rad}$

(p.98) **2** 並列回路 —並列共振—

1① $\dfrac{1}{\omega L}$　②0　③大き　④並列共振　⑤$\dfrac{1}{2\pi\sqrt{LC}}$

2(1) $f_0 = \dfrac{1}{2\pi\sqrt{LC}}$

$\quad = \dfrac{1}{2\pi\sqrt{8 \times 10^{-3} \times 0.1 \times 10^{-6}}}$

$\quad = 5.63 \times 10^3 = \textbf{5.63\,kHz}$

(2) $\dot{I}_L = \dfrac{10}{j2\pi \times 5.63 \times 10^3 \times 8 \times 10^{-3}}$

$\quad = -j0.035\,4 = -\textbf{\textit{j}35.4\,mA}$

$\quad \dot{I}_C = j2\pi \times 5.63 \times 10^3 \times 0.1 \times 10^{-6} \times 10$

$\quad = \textbf{\textit{j}35.4\,mA} \qquad \dot{I} = \dot{I}_L + \dot{I}_C = \textbf{0}$

3 $\dot{I}_1 = \dfrac{100}{20} = 5\angle 0\,\text{A}$

$\quad \dot{I}_2 = \dfrac{100}{3 + j4} = \dfrac{100(3 - j4)}{(3 + j4)(3 - j4)}$

$\quad = \dfrac{100(3 - j4)}{9 + 16} = 4(3 - j4) = 12 - j16$

$\quad = 20\angle 0.927\,\text{A}$

$\dot{I} = \dot{I}_1 + \dot{I}_2 = 5 + 12 - j16 = 17 - j16\,\text{A}$

$I = \sqrt{17^2 + (-16)^2} = \sqrt{289 + 256} = \sqrt{545}$

$\quad = 23.3\,\text{A}$

$\theta = \tan^{-1}\dfrac{-16}{17} = -0.755\,\text{rad}$

$\dot{I} = I\angle\theta = \textbf{23.3}\angle-\textbf{0.755\,A}$

4 $f_0 = \dfrac{1}{2\pi}\sqrt{\dfrac{1}{LC} - \left(\dfrac{R}{L}\right)^2}$

$\quad = \dfrac{1}{2\pi}\sqrt{\dfrac{1}{150 \times 10^{-6} \times 250 \times 10^{-12}} - \dfrac{15^2}{(150 \times 10^{-6})^2}}$

$\quad = \dfrac{1}{2\pi}\sqrt{\dfrac{10^{16}}{375} - 10^{10}} = \dfrac{10^5}{2 \times 3.14} \times 51.6$

$\quad = 8.22 \times 10^5 = \textbf{822\,kHz}$

(p.99) **2** 並列回路 —交流ブリッジ—

1①交流ブリッジ　②電位　③平衡

2 $4\,000(R + j\omega L) = 2\,000(10 + j\omega 2)$

（実部）　$4\,000R = 20\,000$

$\quad R = \dfrac{20}{4} = \textbf{5\,Ω}$

（虚部）　$j\omega L4\,000 = j\omega 4\,000$

$\quad L = \textbf{1\,H}$

3(1) $R_1(R_x + j\omega L_x) = R_2(R_3 + j\omega L_3)$

$\quad R_1 R_x + j\omega L_x R_1 = R_2 R_3 + j\omega L_3 R_2$

（実部）　$R_1 R_x = R_2 R_3,\ \ R_x = \dfrac{R_2}{R_1}R_3$

（虚部）　$j\omega L_x R_1 = j\omega L_3 R_2,\ \ L_x = \dfrac{R_2}{R_1}L_3$

(2) $R_x = \dfrac{100}{10} \times 8 = \textbf{80\,Ω}$

$\quad L_x = \dfrac{100}{10} \times 30 \times 10^{-3} = \textbf{300\,mH}$

(p.100) **3** 回路に関する定理

(p.100) **1** キルヒホッフの法則

1(1)　①流入　②流出

(2)　③起電力　④電圧降下

2 $\dot{I}_1 + \dot{I}_2 - \dot{I}_3 = 0$　　　……〈1〉

$\quad 15\dot{I}_1 + 15\dot{I}_3 = 85$　　　……〈2〉

$\quad 10\dot{I}_2 + 15\dot{I}_3 = 60$　　　……〈3〉

〈1〉式の $\dot{I}_1 = \dot{I}_3 - \dot{I}_2$ を〈2〉式に代入すると，

$\quad 15(\dot{I}_3 - \dot{I}_2) + 15\dot{I}_3 = 85$

$\quad\quad -15\dot{I}_2 + 30\dot{I}_3 = 85$　……〈2〉′

〈3〉× 2 −〈2〉′

$\quad\quad 20\dot{I}_2 + 30\dot{I}_3 = 120$

$\quad\underline{-)\ -15\dot{I}_2 + 30\dot{I}_3 = 85}$

$\quad\quad\quad 35\dot{I}_2 \quad\quad = 35$

$\quad \dot{I}_2 = \dfrac{35}{35} = 1$　　　……〈4〉

〈4〉式の $\dot{I}_2 = 1$ を〈3〉式に代入すると，

$$10 + 15\dot{I}_3 = 60 \qquad 15\dot{I}_3 = 60 - 10 = 50$$

$$\dot{I}_3 = \frac{50}{15} = \frac{10}{3} \qquad \cdots\cdots\langle 5\rangle$$

〈4〉式，〈5〉式を〈1〉式に代入すると，

$$\dot{I}_1 = \dot{I}_3 - \dot{I}_2 = \frac{10}{3} - \frac{3}{3} = \frac{7}{3}$$

$$\dot{I}_1 = \frac{7}{3}\,\text{A} \quad \dot{I}_2 = 1\,\text{A} \quad \dot{I}_3 = \frac{10}{3}\,\text{A}$$

3
$$\dot{I}_1 + \dot{I}_2 - \dot{I}_3 = 0 \qquad \cdots\cdots\langle 1\rangle$$
$$6\dot{I}_1 + j2\dot{I}_3 = 20 \qquad \cdots\cdots\langle 2\rangle$$
$$2\dot{I}_2 + j2\dot{I}_3 = 10 \qquad \cdots\cdots\langle 3\rangle$$

〈1〉式の $\dot{I}_1 = \dot{I}_3 - \dot{I}_2$ を〈2〉式に代入すると，

$$6(\dot{I}_3 - \dot{I}_2) + j2\dot{I}_3 = 20$$
$$-6\dot{I}_2 + (6 + j2)\dot{I}_3 = 20 \qquad \cdots\cdots\langle 2\rangle'$$

〈3〉× 3 +〈2〉′

$$\begin{array}{r} 6\dot{I}_2 \qquad\quad + j6\dot{I}_3 = 30 \\ +)\ -6\dot{I}_2 + (6 + j2)\dot{I}_3 = 20 \\ \hline (6 + j8)\dot{I}_3 = 50 \end{array}$$

$$\dot{I}_3 = \frac{50}{6 + j8} = \frac{50(6 - j8)}{100}$$
$$= 3 - j4 \qquad \cdots\cdots\langle 4\rangle$$

〈4〉式を〈2〉式に代入すると，

$$6\dot{I}_1 = 20 - j2(3 - j4) = 20 - j6 - 8$$
$$6\dot{I}_1 = 12 - j6 \qquad \dot{I}_1 = 2 - j \quad \cdots\cdots\langle 5\rangle$$

〈4〉式，〈5〉式を〈1〉式に代入すると，

$$\dot{I}_2 = \dot{I}_3 - \dot{I}_1 = 3 - j4 - (2 - j) = 1 - j3$$

$$\dot{I}_1 = 2 - j\,\text{A} \qquad \dot{I}_2 = 1 - j3\,\text{A}$$
$$\dot{I}_3 = 3 - j4\,\text{A}$$

4
$$\dot{I}_3 = \dot{I}_1 + \dot{I}_2 \qquad \cdots\cdots\langle 1\rangle$$
$$j5\dot{I}_1 - 10\dot{I}_2 = 100 - j100 \qquad \cdots\cdots\langle 2\rangle$$
$$10\dot{I}_2 + j10\dot{I}_3 = j100 \qquad \cdots\cdots\langle 3\rangle$$

〈3〉式に〈1〉式を代入すると，

$$10\dot{I}_2 + j10(\dot{I}_1 + \dot{I}_2) = j100$$
$$j10\dot{I}_1 + (10 + j10)\dot{I}_2 = j100 \qquad \cdots\cdots\langle 3\rangle'$$

〈2〉× 2 −〈3〉′を求めると，

$$\begin{array}{r} j10\dot{I}_1 \qquad\quad - 20\dot{I}_2 = 200 - j200 \\ -)\ j10\dot{I}_1 + (10 + j10)\dot{I}_2 = j100 \\ \hline - (30 + j10)\dot{I}_2 = 200 - j300 \\ - (3 + j)\dot{I}_2 = 20 - j30 \end{array}$$

$$I_2 = \frac{(-20 + j30)}{3 + j} = \frac{(-20 + j30)(3 - j)}{10}$$
$$= \frac{-60 + j20 + j90 + 30}{10}$$
$$= -3 + j11 \qquad \cdots\cdots\langle 4\rangle$$

〈4〉式を〈3〉式に代入すると，

$$j10\dot{I}_3 = j100 - 10(-3 + j11) = 30 - j10$$
$$\dot{I}_3 = -1 - j3$$
$$\dot{I}_1 = \dot{I}_3 - \dot{I}_2 = (-1 - j3) - (-3 + j11)$$
$$= 2 - j14$$

$$\dot{I}_1 = 2 - j14\,\text{A}$$
$$\dot{I}_2 = -3 + j11\,\text{A} \qquad \dot{I}_3 = -1 - j3\,\text{A}$$

5
$$\dot{I}_1 + \dot{I}_2 = \dot{I}_3 \qquad \cdots\cdots\langle 1\rangle$$
$$2\dot{I}_1 + (1 + j2)\dot{I}_3 = 6 \qquad \cdots\cdots\langle 2\rangle$$
$$3\dot{I}_2 + (1 + j2)\dot{I}_3 = 5 \qquad \cdots\cdots\langle 3\rangle$$

〈1〉式を変形し，〈2〉式に代入すると，

$$2(\dot{I}_3 - \dot{I}_2) + (1 + j2)\dot{I}_3 = 6$$
$$-2\dot{I}_2 + (3 + j2)\dot{I}_3 = 6 \qquad \cdots\cdots\langle 2\rangle'$$

〈2〉′× 3 +〈3〉× 2

$$\begin{array}{r} -6\dot{I}_2 + (9 + j6)\dot{I}_3 = 18 \\ +)\ 6\dot{I}_2 + (2 + j4)\dot{I}_3 = 10 \\ \hline (11 + j10)\dot{I}_3 = 28 \end{array}$$

$$\dot{I}_3 = \frac{28(11 - j10)}{11^2 + 10^2} = \frac{308 - j280}{221}$$
$$= 1.39 - j1.27 \qquad \cdots\cdots\langle 4\rangle$$

〈4〉を〈3〉に代入すると

$$3\dot{I}_2 = 5 - (1 + j2)(1.39 - j1.27)$$
$$= 5 - 1.39 - 2.54 + j1.27 - j2.78$$
$$= 1.07 - j1.51$$
$$\dot{I}_2 = 0.357 - j0.503$$
$$\dot{I}_1 = \dot{I}_3 - \dot{I}_2 = 1.39 - j1.27 - 0.357 + j0.503$$
$$= 1.03 - j0.767\,\text{A}$$
$$\dot{I}_1 = 1.03 - j0.767\,\text{A}$$
$$\dot{I}_2 = 0.357 - j0.503\,\text{A}$$
$$\dot{I}_3 = 1.39 - j1.27\,\text{A}$$

(p.101) **2** 重ね合わせの理

1 ①短絡 ②重ね合わせた

2

$$\dot{I}_1' = \frac{10 + j10}{2 + \dfrac{4 \times 6}{4 + 6}} = \frac{10 + j10}{\dfrac{44}{10}} = \frac{50 + j50}{22}$$

$$\dot{I}_2' = \frac{6}{4 + 6} \times \frac{50 + j50}{22} = \frac{15 + j15}{11}$$

$$\dot{I}_3' = \frac{4}{4 + 6} \times \frac{50 + j50}{22} = \frac{10 + j10}{11}$$

$$\dot{I}_2'' = \frac{3 + j4}{4 + \dfrac{2 \times 6}{2 + 6}} = \frac{3 + j4}{\dfrac{44}{8}} = \frac{6 + j8}{11}$$

$$\dot{I}_3'' = \frac{2}{2 + 6} \times \frac{6 + j8}{11} = \frac{3 + j4}{22}$$

$$\dot{I}_1'' = \frac{6}{2 + 6} \times \frac{6 + j8}{11} = \frac{9 + j12}{22}$$

$$\dot{I}_1 = \dot{I}_1' - \dot{I}_1'' = \frac{50 + j50}{22} - \frac{9 + j12}{22}$$

$$= \frac{41 + j38}{22} = 1.86 + j1.73\,\text{A}$$

$$\dot{I}_2 = \dot{I}_2'' - \dot{I}_2' = \frac{6+j8}{11} - \frac{15+j15}{11}$$

$$= \frac{-9-j7}{11} = -0.818 - j0.636 \text{ A}$$

$$\dot{I}_3 = \dot{I}_3' + \dot{I}_3'' = \frac{10+j10}{11} + \frac{3+j4}{22}$$

$$= \frac{23+j24}{22} = 1.05 + j1.09 \text{ A}$$

(p.102) **3** 鳳・テブナンの定理

1 ①能動回路　②受動回路

2(1) $V_{12} = \dfrac{100}{15+25+20} \times 20 = \dfrac{2\,000}{60}$

$$= \frac{100}{3} \text{ V}$$

(2) $R_0 = \dfrac{20 \times (15+25)}{20+(15+25)} = \dfrac{800}{60} = \dfrac{40}{3} \ \Omega$

(3) $I_2 = \dfrac{V_{12}}{R_0 + R} = \dfrac{\dfrac{100}{3}}{\dfrac{40}{3}+50} = \dfrac{100}{190}$

$$= 0.526 \text{ A}$$

(4) $I_2 = \dfrac{100}{(15+25)+\dfrac{20 \times 50}{20+50}} \times \dfrac{20}{20+50}$

$$= \frac{2\,000}{\dfrac{2\,800+1\,000}{70} \times 70} = \frac{2\,000}{3\,800}$$

$$= 0.526 \text{ A}$$

3(1) $V_{12} = \dfrac{100}{10+30} \times 30 = \dfrac{3\,000}{40} = \dfrac{300}{4}$

$$= 75 \text{ V}$$

(2) $R_0 = \dfrac{10 \times 30}{10+30} = \dfrac{300}{40} = \dfrac{30}{4} = 7.5 \ \Omega$

(3) $I_3 = \dfrac{\dfrac{300}{4}-50}{\dfrac{30}{4}+20} = \dfrac{100}{110} = 0.909 \text{ A}$

(4) $I_3' = \dfrac{\dfrac{300}{4}}{\dfrac{30}{4}+20} = \dfrac{300}{110} = 2.73 \text{ A}$

(p.103) **第6章　総合問題**

1(1) $\dot{Y}_1 = \dfrac{1}{R} = \dfrac{1}{8}, \ \ \dot{Y}_2 = \dfrac{1}{jX_L} = \dfrac{1}{j6} = -j\dfrac{1}{6}$

$$\dot{Y} = \frac{1}{8} - j\frac{1}{6} = 0.125 - j0.167 \text{ S}$$

(2) $\dot{I} = \dot{Y}\dot{V} = (0.125 - j0.167)100$

$$= 12.5 - j16.7 \text{ A}$$

$$I = \sqrt{12.5^2 + (-16.7)^2} = 20.9 \text{ A}$$

$$\cos\theta = \frac{I_R}{I} = \frac{12.5}{20.9} = 0.598$$

(3) $\dot{Z} = \dfrac{1}{\dot{Y}} = \dfrac{1}{0.125 - j0.167}$

$$= \frac{0.125 + j0.167}{0.043\,5}$$

$$= 2.87 + j3.84 \ \Omega$$

2(1) $\dot{Z} = 5 + \dfrac{j10 \times (-j5)}{j10 - j5} = 5 + \dfrac{50}{j5}$

$$= 5 - j10 \ \Omega$$

(2) $\dot{I} = \dfrac{\dot{V}}{\dot{Z}} = \dfrac{125}{5-j10} = \dfrac{125(5+j10)}{125}$

$$= 5 + j10 \text{ A}$$

$$\dot{I}_1 = \frac{-j5}{j10-j5}(5+j10) = -5 - j10 \text{ A}$$

$$\dot{I}_2 = \frac{j10}{j10-j5}(5+j10) = 10 + j20 \text{ A}$$

(3) $I = \sqrt{5^2 + 10^2} = \sqrt{125}$

$$P = I^2R = (\sqrt{125})^2 \times 5 = 625 \text{ W}$$

3(1) $\dot{Y}_1 = \dfrac{1}{10} = 0.1, \ \ \dot{Y}_2 = \dfrac{1}{j8} = -j0.125$

$$\dot{Y} = 0.1 - j0.125 \text{ S}$$

$$\dot{I} = \dot{Y}\dot{V} = (0.1 - j0.125)100$$

$$= 10 - j12.5 \text{ A}$$

(2) $\dot{Y}_1 = \dfrac{1}{10} = 0.1, \ \ \dot{Y}_2 = \dfrac{1}{j8} = -j0.125$

$$\dot{Y}_3 = \frac{1}{-j6} = j0.167$$

$$\dot{Y} = \dot{Y}_1 + \dot{Y}_2 + \dot{Y}_3 = \frac{1}{10} - j\frac{1}{8} + j\frac{1}{6}$$

$$= 0.1 + j0.041\,7 \text{ S}$$

$$\dot{I} = \dot{Y}\dot{V} = (0.1 + j0.041\,7)100$$

$$= 10 + j4.17 \text{ A}$$

4(1) $Z_2 = \sqrt{16^2 + 12^2} = 20 \ \Omega$

$$\theta = \tan^{-1}\frac{12}{16} = 0.644 \text{ rad}$$

$$\dot{Z}_2 = 20\angle 0.644 \ \Omega$$

$$\dot{E} = \dot{Z}_2\dot{I}_2 = 20\angle 0.644 \times 5\angle(-0.644)$$

$$= 100\angle 0 \text{ V}$$

(2) $Z_1 = \sqrt{10^2 + (-15)^2} = 18 \ \Omega$

$$\theta = \tan^{-1}\frac{-15}{10} = -0.983 \text{ rad}$$

$$\dot{I}_1 = \frac{100\angle 0}{18\angle(-0.983)} = 5.56\angle 0.983 \text{ A}$$

(3) $\dot{I} = \dot{I}_1 + \dot{I}_2 = 5.56(\cos 0.983 + j\sin 0.983)$

$$\qquad\qquad + 5(\cos 0.644 - j\sin 0.644)$$

$$= 3.08 + j4.63 + 4.00 - j3.00$$

$$= 7.08 + j1.63 \text{ A}$$

5 $\dot{V}_R = 20 \times 5 = 100 \text{ V}$

$$\dot{I}_C = \frac{100}{-j10} = j10 \text{ A}$$

$$\dot{I} = 5 + j10 \text{ A}$$

$$\dot{E} = \dot{V}_R + (r+jx)\dot{I}$$
$$= 100 + (4+j5)(5+j10)$$
$$= 100 + 20 - 50 + j40 + j25 = 70 + j65 \text{ V}$$
$$E = \sqrt{70^2 + 65^2} = 95.5 \text{ V}$$
$$\theta = \tan^{-1}\frac{65}{70} = 0.748 \text{ rad}$$
$$\dot{E} = 95.5\angle 0.748 \text{ V}$$

6(1) $V_1 = \dfrac{20}{4+6}\times 6 = 12 \text{ V}$

$$V_2 = \frac{20}{8+4}\times 4 = \frac{80}{12} = \frac{20}{3} \text{ V}$$

$$V_{12} = 12 - \frac{20}{3} = \frac{16}{3} \text{ V}$$

(2) $R_0 = \dfrac{8\times 4}{8+4} + \dfrac{4\times 6}{4+6} = \dfrac{32}{12} + \dfrac{24}{10}$

$$= \frac{8}{3} + \frac{12}{5} = \frac{40+36}{15} = \frac{76}{15} = 5.07 \ \Omega$$

(3) $I = \dfrac{V_{12}}{R_0 + R} = \dfrac{\dfrac{16}{3}}{\dfrac{76}{15}+1} = \dfrac{16}{3}\times\dfrac{15}{91}$

$$= \frac{80}{91} = 0.879 \text{ A}$$

第7章　三相交流

1(1) ①大きさ　②$\dfrac{2}{3}\pi$　③対称三相交流

(2) ④相順（相回転）

1(1) ①$\sqrt{2}E\sin\omega t$　②$\sqrt{2}E\sin\left(\omega t - \dfrac{2}{3}\pi\right)$

　　③$\sqrt{2}E\sin\left(\omega t - \dfrac{4}{3}\pi\right)$

(2) ④$E\angle 0$　⑤$E(\cos 0 + j\sin 0) = E$

　　⑥$E\angle-\dfrac{2}{3}\pi$　⑦$E\left(-\dfrac{1}{2} - j\dfrac{\sqrt{3}}{2}\right)$

　　⑧$E\angle-\dfrac{4}{3}\pi$　⑨$E\left(-\dfrac{1}{2} + j\dfrac{\sqrt{3}}{2}\right)$

2 $\dot{E}_a = 100 \text{ V}$　$\dot{E}_b = -50 - j86.5 \text{ V}$
　$\dot{E}_c = -50 + j86.5 \text{ V}$

1(1) ①対称　②瞬時値　③0

(2) ④0　⑤$0-\dfrac{2}{3}\pi$　⑥$-\dfrac{\sqrt{3}}{2}E_m$

　　⑦$0-\dfrac{4}{3}\pi$　⑧$\dfrac{\sqrt{3}}{2}E_m$

(3) ⑨$\dfrac{1}{2}E_m$　⑩$-E_m$　⑪$\dfrac{1}{2}E_m$　⑫0

1(1) ①Y結線　②星形結線　③△結線
　　④三角結線

(2) ⑤Y結線　⑥△結線　⑦平衡　⑧平衡
　　⑨不平衡

1(1) ①$\sqrt{3}E_p$

(2) ②$\dfrac{\pi}{6}$　③進んで

(3) ④I_p

2 $E_p = \dfrac{V_l}{\sqrt{3}} = \dfrac{400}{1.73} = 231 \text{ V}$

3 $V_l = \sqrt{3}E_p = 1.73 \times 400 = 692 \text{ V}$

4(1) $E_p = E = 100 \text{ V}$

(2) $V_l = \sqrt{3}E_p = 1.73 \times 100 = 173 \text{ V}$

(3) $Z = \sqrt{5^2 + 4^2} = 6.4\ \Omega$

$I_l = I_p = \dfrac{E_p}{Z} = \dfrac{100}{6.4} = \textbf{15.6 A}$

(p.108) **2** Δ-Δ 回路

1(1) ① E_p

(2) ② $\dfrac{\pi}{6}$ ③遅れて

(3) ④ $\sqrt{3}\,I_p$

2(1) $E_p = V_l = \textbf{200 V}$

(2) $Z = \sqrt{10^2 + (-10)^2} = 14.1\ \Omega$

$I_p = \dfrac{V}{Z} = \dfrac{200}{14.1} = \textbf{14.2 A}$

(3) $I_l = \sqrt{3}\,I_p = 1.73 \times 14.2 = \textbf{24.6 A}$

3(1) $\dot{I}_{bc} = 5\angle\left(-0.927 - \dfrac{2}{3}\pi\right)$

$= 5\angle -3.02\ \text{A}$

$\dot{I}_{ca} = 5\angle\left(-0.927 - \dfrac{4}{3}\pi\right)$

$= 5\angle -5.12\ \text{A}$

(2) $Z = \sqrt{15^2 + 20^2} = 25\ \Omega$

$\theta = \tan^{-1}\dfrac{20}{15} = 0.927\ \text{rad}$

$\dot{V}_l = \dot{Z}\dot{I} = 25\angle 0.927 \times 5\angle -0.927$

$= \textbf{125 V}$

(p.109) **3** Δ-Y 回路と Y-Δ 回路
(p.109) **4** 負荷の Y 結線と Δ 結線の換算

1(1) ① $\dfrac{1}{3}$ ② $\dfrac{1}{3}$

(2) ③3 ④3

2(1) $\dot{Z}_Y = \dfrac{1}{3}\dot{Z}_\Delta = \dfrac{1}{3} \times 30 = \textbf{10 }\boldsymbol{\Omega}$

(2) $\dot{Z}_\Delta = 3\dot{Z}_Y = 3 \times 20 = \textbf{60 }\boldsymbol{\Omega}$

3(1) $\dot{Z}_Y = \dfrac{1}{3}\dot{Z}_\Delta = \dfrac{9 + j18}{3} = 3 + j6\ \Omega$

$\dot{Z} = 5 + 3 + j6 = 8 + j6\ \Omega$

$Z = \sqrt{8^2 + 6^2} = 10\ \Omega$

$\theta = \tan^{-1}\dfrac{6}{8} = 0.644\ \text{rad}$

$\dot{Z} = \textbf{10}\boldsymbol{\angle}\textbf{0.644 }\boldsymbol{\Omega}$

(2) 相電圧　$V_p = \dfrac{V_l}{\sqrt{3}} = \dfrac{200}{1.73} = 116\ \text{V}$

線電流　$\dot{I}_l = \dfrac{\dot{V}_p}{\dot{Z}} = \dfrac{116\angle 0}{10\angle 0.644}$

$= 11.6\angle(-0.644)\ \text{A}$

線間電圧 $\dot{V}_{ab}$ を基準にすると

$\dot{I}_a = 11.6\angle\left(-0.644 - \dfrac{1}{6}\pi\right)$

$= \textbf{11.6}\boldsymbol{\angle}\textbf{-1.17 A}$

$\dot{I}_b = 11.6\angle\left(-1.17 - \dfrac{2}{3}\pi\right)$

$= \textbf{11.6}\boldsymbol{\angle}\textbf{-3.26 A}$

$\dot{I}_c = 11.6\angle\left(-1.17 - \dfrac{4}{3}\pi\right)$

$= \textbf{11.6}\boldsymbol{\angle}\textbf{-5.36 A}$

(p.110) **3** 三相電力

(p.110) **1** 三相電力の表し方

1(1) ①三相電力　②和

(2) ③単相回路　④ $3V_p I_p \cos\theta$

(p.110) **2** 三相負荷と三相電力

1 ① $\sqrt{3}$ ②線間電圧　③線電流　④力率

2 $P = \sqrt{3}\,V_l I_l \cos\theta$

$I_l = \dfrac{P}{\sqrt{3}\,V_l \cos\theta} = \dfrac{5\,000}{\sqrt{3} \times 200 \times 0.6}$

$= \textbf{24.1 A}$

3(1) $I_l = I_a = \dfrac{E_a}{R} = \dfrac{100}{10} = \textbf{10 A}$

$V_l = E_{ab} = \sqrt{3}\,E_a = 1.73 \times 100 = \textbf{173 V}$

(2) $P = \sqrt{3}\,V_l I_l \cos\theta = 1.73 \times 173 \times 10$

$= \textbf{3 kW}$

4 $\dot{V}$ と $\dot{I}$ の位相角 θ は

$\theta = \dfrac{\pi}{3} - \dfrac{\pi}{6} = \dfrac{2}{6}\pi - \dfrac{\pi}{6} = \dfrac{\pi}{6}\ \text{rad}$

$P = \sqrt{3}\,VI\cos\theta = \sqrt{3} \times 200 \times 50 \times \cos\dfrac{\pi}{6}$

$= \sqrt{3} \times 10\,000 \times \dfrac{\sqrt{3}}{2} = \textbf{15 kW}$

$Q = \sqrt{3}\,VI\sin\theta = 1.73 \times 200 \times 50 \times \sin\dfrac{\pi}{6}$

$= \textbf{8.65 kvar}$

$S = \sqrt{P^2 + Q^2} = \sqrt{15^2 + 8.66^2} = \textbf{17.3 kV·A}$

または　$S = \sqrt{3}\,VI = 1.73 \times 200 \times 50$

$= \textbf{17.3 kV·A}$

5(1) $I_{aR} = \dfrac{E_a}{R} = \dfrac{100}{5} = \textbf{20 A}$

$I_{ac} = \dfrac{E_a}{X_c} = \dfrac{100}{5} = \textbf{20 A}$

(2) ベクトル図より

$I_a = \sqrt{I_{aR}{}^2 + I_{aC}{}^2} = \sqrt{20^2 + 20^2} = \textbf{28.3 A}$

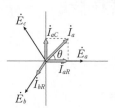

27

(3) 一相の消費電力を P_a，三相電力を P とする。

$$P_a = E_a I_a \cos\theta$$

$$= 100 \times 20\sqrt{2} \times \frac{1}{\sqrt{2}} = 2\,\text{kW}$$

$$P = 3P_a = 3 \times 2 = \mathbf{6\,kW}$$

6 $\quad Z = \sqrt{R^2 + X_L{}^2} = \sqrt{4^2 + 3^2} = 5\,\Omega$

$$I_p = I_{ab} = \frac{E_a}{Z} = \frac{100}{5} = \mathbf{20\,A}$$

$$I_l = I_a = \sqrt{3}\,I_p = 1.73 \times 20 = \mathbf{34.6\,A}$$

$$\cos\theta = \frac{R}{Z} = \frac{4}{5} = 0.8$$

$$P = \sqrt{3}\,V_l I_l \cos\theta$$

$$= 1.73 \times 100 \times 34.6 \times 0.8$$

$$= \mathbf{4.79\,kW}$$

(p.112) **4** 回転磁界

(p.112) **1** 三相交流による回転磁界

1(1) ① $\frac{2}{3}\pi$ ②三相交流 ③相順

④回転磁界

(2) ⑤同期速度 ⑥ p ⑦ $120f$

2 $\quad N_s = \dfrac{120f}{p} = \dfrac{120 \times 50}{4} = \mathbf{1\,500\,min^{-1}}$

3 $\quad N_s = \dfrac{120f}{p}$ より

$$f = \frac{N_s \times p}{120} = \frac{1\,800 \times 4}{120} = \mathbf{60\,Hz}$$

(p.112) **2** 二相交流による回転磁界

1(1) ① $\frac{\pi}{2}$ ②二相

(2) ③ $\frac{\pi}{2}$ ④二相 ⑤回転

(p.113) 第7章 総合問題

1 $\quad Z = \sqrt{(5\sqrt{3})^2 + 5^2} = 10\,\Omega$

$$\theta = \tan^{-1}\frac{5}{5\sqrt{3}} = \frac{\pi}{6}\,\text{rad}$$

$$\dot{I}_a = \frac{115}{10\angle\frac{1}{6}\pi} = \mathbf{11.5\angle -\frac{1}{6}\pi\,A}$$

$$\dot{I}_b = 11.5\angle\left(-\frac{1}{6}\pi - \frac{2}{3}\pi\right)$$

$$= \mathbf{11.5\angle -\frac{5}{6}\pi\,A}$$

$$\dot{I}_c = 11.5\angle\left(-\frac{1}{6}\pi - \frac{4}{3}\pi\right)$$

$$= \mathbf{11.5\angle -\frac{3}{2}\pi\,A}$$

2(1) $\quad Z = \sqrt{3^2 + 4^2} = 5\,\Omega$

$$\theta = \tan^{-1}\frac{4}{3} = 0.927\,\text{rad}$$

$$\dot{I}_{ab} = \frac{200}{5\angle 0.927} = 40\angle(-0.927)$$

$$= 40(\cos 0.927 - j\sin 0.927)$$

$$= \mathbf{24 - j32\,A}$$

$$\dot{I}_{bc} = 40\angle\left(-0.927 - \frac{2}{3}\pi\right) = 40\angle(-3.02)$$

$$= 40(\cos 3.02 - j\sin 3.02)$$

$$= \mathbf{-39.7 - j4.85\,A}$$

$$\dot{I}_{ca} = 40\angle\left(-0.927 - \frac{4}{3}\pi\right) = 40\angle(-5.12)$$

$$= 40(\cos 5.12 - j\sin 5.12)$$

$$= \mathbf{15.9 + j36.7\,A}$$

(2) $\quad \dot{I}_a = \sqrt{3}\,I_{ab}\angle\left(-0.927 - \frac{1}{6}\pi\right)$

$$= \mathbf{69.2\angle -1.45\,A}$$

$$\dot{I}_b = \sqrt{3}\,I_{bc}\angle\left(-3.02 - \frac{1}{6}\pi\right)$$

$$= \mathbf{69.2\angle -3.54\,A}$$

$$\dot{I}_c = \sqrt{3}\,I_{ca}\angle\left(-5.12 - \frac{1}{6}\pi\right)$$

$$= \mathbf{69.2\angle -5.64\,A}$$

3(1) $\quad I_p = \dfrac{\sqrt{3}\,E_a}{Z} = \dfrac{\sqrt{3} \times 100}{\sqrt{5^2 + 5^2}} = \dfrac{\sqrt{3} \times 100}{5\sqrt{2}}$

$$= \mathbf{24.5\,A}$$

$$I_l = \sqrt{3}\,I_p = \frac{\sqrt{3} \times \sqrt{3} \times 100}{5\sqrt{2}} = \mathbf{42.6\,A}$$

(2) $\quad P = \sqrt{3}\,V_l I_l \cos\theta$

$$= \sqrt{3} \times 100\sqrt{3} \times \frac{3 \times 100}{5\sqrt{2}} \times \frac{5}{5\sqrt{2}}$$

$$= \mathbf{9\,000\,W}$$

第8章　電気計測

1　測定量の取り扱い

1(1)　$\varepsilon = M - T = 99.5 - 100 = -0.5\,\Omega$

$\varepsilon_0 = \dfrac{\varepsilon}{T} = \dfrac{-0.5}{100} = -0.005$

(2)　$\varepsilon_0' = \dfrac{M - T}{\text{計器の最大目盛}} \times 100$

$= \dfrac{49.5 - 50}{100} \times 100$

$= -0.5\,\%$

(3)　$\varepsilon_{1.5} = 100 \times 0.015 = 1.5\,\text{V}$

48.5 V～51.5 V の範囲にある。

$\varepsilon_{0.2} = 100 \times 0.002 = 0.2\,\text{V}$

49.8 V～50.2 V の範囲にある。

2(1)　(d)—(エ)—(B)

(2)　(c)—(ウ)—(B)

(3)　(b)—(オ)—(C)

(4)　(a)—(イ)—(C)

(5)　(e)—(ア)—(A)

3①水平　②鉛直　③傾斜(60°)

2　電気計器の原理と構造

1(1)　①駆動　②制御　③制動　(順不同)

(2)　④永久磁石可動コイル　⑤可動鉄片

(3)　⑥多重範囲　⑦分流

(4)　⑧多重範囲　⑨直列抵抗

2　$m = \dfrac{I}{I_a} = \dfrac{r_a + R_s}{R_s}$

$R_s = \dfrac{r_a}{m-1} = \dfrac{9 \times 10^{-3}}{10-1} = 1\,\text{m}\Omega$

3　$m = \dfrac{V}{V_v} = \dfrac{R_m + r_v}{r_v}$

$R_m = r_v(m-1) = 1\,000(10-1) = 9\,000\,\Omega$

4(1)　$I = \dfrac{10}{10 \times 10^3} = 1 \times 10^{-3} = 1\,\text{mA}$

$V = (R_m + r_v)I$

$= (90 + 10) \times 10^3 \times 1 \times 10^{-3}$

$= 100\,\text{V}$

(2)　10 V で，100 V を測定できるから，**10 倍**。

6 V では，**60 V** である。

(3)　$m = \dfrac{V}{V_v} = \dfrac{300}{10} = 30$　　$m = 1 + \dfrac{R_m}{r_v} = 30$

$R_m = r_v(30-1) = 10 \times 10^3 \times 29 = 290\,\text{k}\Omega$

5(1)　$m = \dfrac{I}{I_a} = \dfrac{30 \times 10^{-3}}{3 \times 10^{-3}} = 10\,\text{倍}$

$m = 1 + \dfrac{r_a}{R_s} = 10$

$R_s = \dfrac{r_a}{10-1} = \dfrac{12.5}{9} = 1.39\,\Omega$

(2)　$I = \left(1 + \dfrac{r_a}{R_s}\right)I_a = \left(1 + \dfrac{12.5}{1.25}\right) \times 2 \times 10^{-3}$

$= 22 \times 10^{-3} = 22\,\text{mA}$

3　基礎量の測定

1(1)　①直接　②間接

(2)　③偏位　④零位

2(1)　①地絡　②損傷　③接地

(2)　④取りはず　⑤入り

(3)　⑥接続　⑦入り

3(1)　①接地抵抗

(2)　②10　③直線

4(1)　①3

(2)　②$P_1 + P_2$　③$P_1 - P_2'$

5(1)

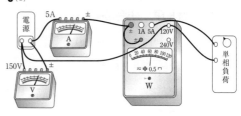

(2)　消費電力　$P = 28 \times 5 = 140\,\text{W}$

力率　$\cos\theta = \dfrac{P}{VI} = \dfrac{140}{100 \times 1.8} = \dfrac{140}{180}$

$= 0.778$

6　消費電力　$P = 5 + 3 = 8\,\text{kW}$

力率　$\cos\theta = \dfrac{P}{\sqrt{3}\,VI} = \dfrac{8 \times 10^3}{1.73 \times 200 \times 30}$

$= 0.771$

7　消費電力　$P = 1210 - 420 = 790\,\text{W}$

力率　$\cos\theta = \dfrac{P}{\sqrt{3}\,VI} = \dfrac{790}{1.73 \times 200 \times 9}$

$= 0.254$

8(1)　負荷の位相角を θ とすると，電力計に加わる電圧 V_{bc} と電力計を流れる電流 I_a の間の位相角は，$90° - \theta$ である。ベクトル図から，電力計 W の指示 P は

$V_{bc}I_a\cos(90° - \theta) = V_{bc}I_a\sin\theta$

となり，無効電力を示している。

(2)　三相回路の無効電力は P の $\sqrt{3}$ 倍であるから，

$Q = \sqrt{3}\,P = \sqrt{3}\,V_{bc}I_a\sin\theta\,[\text{Var}]$

9　電力量は

$P_t = VI\cos\theta \times t$

$= 100 \times 20 \times 0.75 \times 2 = 3\,000$

$= 3\,\text{kW}\cdot\text{h}$

$$N = 3 \times 2\,000 = 6\,000 \text{ 回転}$$

10　$T = 8\,\text{ms}$　$f = \dfrac{1}{T} = \dfrac{1}{8 \times 10^{-3}} = \textbf{125 Hz}$

$$V_m = 3 \times 2 = \textbf{6 V}$$

$$V = \dfrac{V_m}{\sqrt{2}} = \dfrac{6}{1.41} = \textbf{4.26 V}$$

$$V_a = \dfrac{2 \times V_m}{\pi} = \dfrac{2 \times 6}{3.14} = \textbf{3.82 V}$$

11(1)　$\dot{I}_1 = \dot{I}_2 + \dot{I}_3(\cos\theta + j\sin\theta)$

　　　$\cos\theta = 0.6$ より

　　　$\sin\theta = 0.8$, $I_2 = 7\,\text{A}$,

　　　　$I_3 = 15\,\text{A}$ より

　　　　$I_1 = 7 + 15(0.6 + j0.8)$

　　　　　$= 16 + j12$

　　　　$I_1 = \sqrt{16^2 + 12^2} = \textbf{20 A}$

　(2)　回路全体の力率 $\cos\theta = \dfrac{IR}{I} = \dfrac{16}{20} = \textbf{0.8}$

(p.120) **第8章　総合問題**

1　$\varepsilon = M - T = 98 - 100 = \textbf{-2 Ω}$

$$\varepsilon_0 = \dfrac{\varepsilon}{T} = \dfrac{-2}{100} = \textbf{-0.02}$$

2　4けた目が5で四捨五入するとき，3けた目を
　偶数になるようにする。

　(1)　$390.57 \rightarrow \textbf{390}$

　(2)　$1.9952 \rightarrow \textbf{2.00}$

　(3)　$1.7351 \rightarrow \textbf{1.74}$

　(4)　$0.23450 \rightarrow \textbf{0.234}$

3①永久磁石可動コイル　②可動鉄片
　③整流　④空心電流力計

4　$R_m = r_v(m - 1) = 10 \times 10^3 \times \left(\dfrac{900}{300} - 1\right)$

　　　　　　　　　　　$= \textbf{20 kΩ}$

5　$R_s = \dfrac{r_a}{m - 1} = \dfrac{5}{\dfrac{0.1}{5 \times 10^{-3}} - 1}$

　　　　　　$= \dfrac{5}{19} = \textbf{0.263 Ω}$

第9章　各種の波形

(p.121) **1　非正弦波交流**

(p.121) **1　非正弦波交流の発生**

1①非正弦波交流　②ひずみ波交流

(p.121) **2　非正弦波交流の成分**

1　$v = 100\sin 100\pi t + 50\sin 200\pi t\ [\text{V}]$

2　$v = 120\sin\omega t + 80\sin\left(3\omega t + \dfrac{\pi}{2}\right)$

3①直流　②基本波　③高調波

　④第2調波　⑤第3調波　⑥第n調波

4　$\dfrac{1}{n^2}$ で減衰していくので，基本波の振幅比を1
　とすると，

　　第3調波は $\dfrac{1}{9} = 0.11$

　　第5調波は $\dfrac{1}{25} = 0.04$

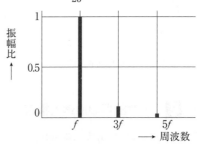

5(1)　① $\sqrt{V_0{}^2 + V_1{}^2 + V_2{}^2 + V_3{}^2 + \cdots\cdots + V_n{}^2}$

　　　② $\sqrt{V_2{}^2 + V_3{}^2 + \cdots\cdots + V_n{}^2}$　③ $\dfrac{V_k}{V_1}$

　　　④ $\dfrac{\sqrt{V_2{}^2 + V_3{}^2 + \cdots\cdots + V_n{}^2}}{V_1}$

　(2)　⑤ $\dfrac{実効値}{平均値}$　⑥ $\dfrac{最大値}{実効値}$

6　$k = \dfrac{V_k}{V_1}$ より

　　　$V_k = kV_1 = 0.12 \times 20 = \textbf{2.4 V}$

7(1)　$V_1 = \dfrac{28.2}{\sqrt{2}} = \textbf{20 V}$

　(2)　$V_3 = \dfrac{7.05}{\sqrt{2}} = \dfrac{7.05}{1.41} = 5$

　　　$V_5 = \dfrac{2.82}{\sqrt{2}} = \dfrac{2.82}{1.41} = 2$

　　　$V_k = \sqrt{V_3{}^2 + V_5{}^2} = \sqrt{5^2 + 2^2}$

　　　　$= \textbf{5.39 V}$

　(3)　$V = \sqrt{V_1{}^2 + V_3{}^2 + V_5{}^2}$

　　　　$= \sqrt{20^2 + 5^2 + 2^2}$

　　　　$= \textbf{20.7 V}$

　(4)　$k = \dfrac{V_k}{V_1} \times 100 = \dfrac{5.39}{20} \times 100 = \textbf{26.9 \%}$

(p. 123) **3** 非正弦波交流の電圧・電流・電力

1(1) ①基本波　②各高調波

(2) ③　$V_1 I_1 \cos\theta_1 + V_3 I_3 \cos\theta_3 + V_5 I_5 \cos\theta_5$

④　$\dfrac{V_1 I_1 \cos\theta_1 + V_3 I_3 \cos\theta_3 + V_5 I_5 \cos\theta_5}{\sqrt{V_1^2 + V_3^2 + V_5^2} \times \sqrt{I_1^2 + I_3^2 + I_5^2}}$

2(1) $P = V_1 I_1 \cos\theta_1 + V_3 I_3 \cos\theta_3 + V_5 I_5 \cos\theta_5$

$= 100 \times 5 \times \cos\dfrac{\pi}{6} + 50 \times 3 \times \cos\dfrac{\pi}{4} + 20$

$\times 2 \times \cos\dfrac{\pi}{3} = 433 + 106 + 20 = \mathbf{559\ W}$

(2) $V = \sqrt{V_1^2 + V_3^2 + V_5^2} = \sqrt{100^2 + 50^2 + 20^2}$

$= \mathbf{114\ V}$

(3) $I = \sqrt{I_1^2 + I_3^2 + I_5^2} = \sqrt{5^2 + 3^2 + 2^2}$

$= \mathbf{6.16\ A}$

(4) $\cos\theta = \dfrac{P}{VI} = \dfrac{559}{114 \times 6.16} = \mathbf{0.796}$

3(1) $\dot{Z}_1 = R + j\omega L = 10 + j6$

$Z_1 = \sqrt{10^2 + 6^2} = \mathbf{11.7\ \Omega}$

(2) $\dot{Z}_3 = R + j3\omega L = 10 + j18$

$Z_3 = \sqrt{10^2 + 18^2} = \mathbf{20.6\ \Omega}$

(3) $\dot{I}_1 = \dfrac{\dot{V}_1}{\dot{Z}_1} = \dfrac{100}{10 + j6} = \dfrac{100(10 - j6)}{10^2 + 6^2}$

$= \dfrac{1\,000 - j600}{136} = 7.35 - j4.41$

$= 8.57\angle{-0.540}$

$i_1 = 8.57\sqrt{2}\sin(\omega t - 0.540)\ \mathrm{[A]}$

(4) $\dot{I}_3 = \dfrac{\dot{V}_3}{\dot{Z}_3} = \dfrac{10}{10 + j18} = \dfrac{100 - j180}{424}$

$= 0.236 - j0.425 = 0.486\angle{-1.06}$

$i_3 = 0.486\sqrt{2}\sin(3\omega t - 1.06)\ \mathrm{[A]}$

(5) $i = i_1 + i_3 = 8.57\sqrt{2}\sin(\omega t - 0.540)$

$+ 0.486\sqrt{2}\sin(3\omega t - 1.06)\mathrm{[A]}$

(6) v_1 と i_1 の位相差 θ_1 は **0.54 rad**

(7) v_3 と i_3 の位相差 θ_3 は **1.06 rad**

(8) $P_1 = V_1 I_1 \cos\theta_1 = 100 \times 8.57 \times \cos 0.54$

$= 857 \times 0.858 = \mathbf{735\ W}$

(9) $P_3 = V_3 I_3 \cos\theta_3 = 10 \times 0.486 \times \cos 1.06$

$= 4.86 \times 0.489 = \mathbf{2.38\ W}$

(10) $P = P_1 + P_2 = 735 + 2.38 = \mathbf{737\ W}$

(p. 125) **2** 過渡現象

(p. 125) **1** 過渡現象
　　　　　2 *RC* 直列回路の過渡現象

1(1) ①過渡期間　②過渡現象

(2) ③初期値　④定常値　⑤最終値

(3) ⑥ $\dfrac{V}{R}\varepsilon^{-\frac{t}{RC}}$　⑦ $I\varepsilon^{-\frac{t}{RC}}$

(4) ⑧時定数　⑨ RC

2(1) $i = \dfrac{V}{R} = \dfrac{100}{1 \times 10^6} = \mathbf{100\ \mu A}$

(2) $\tau = RC = 10 \times 10^6 \times 1 \times 10^{-6} = \mathbf{10\ s}$

(3)

時間	τ	2τ	3τ	4τ	5τ
$\varepsilon^{-\frac{t}{\tau}}$	0.368	0.135	0.050	0.018	0.007
i	36.8	13.5	5.0	1.8	0.7

(4) グラフ　上表を使って特性曲線を描く。

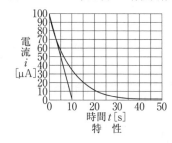

特　性

(p. 126) **3** *RL* 直列回路の過渡現象

1(1) ① $\dfrac{V}{R}\left(1 - \varepsilon^{-\frac{R}{L}t}\right)$

(2) ② $\dfrac{L}{R}$

2(1) $t = 0$ のため，$i = \mathbf{0\ A}$

(2) $\tau = \dfrac{L}{R} = \dfrac{200 \times 10^{-3}}{100} = 2 \times 10^{-3} = \mathbf{2\ ms}$

(3)

時間	τ	2τ	3τ	4τ	5τ
$\varepsilon^{-\frac{t}{\tau}}$	0.368	0.135	0.050	0.018	0.007
i	0.063 2	0.086 5	0.095 0	0.098 2	0.099 3

(4) グラフ　上表を使って特性曲線を描く。

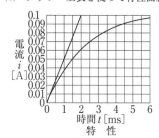

特　性

(p. 126) **4** 微分回路と積分回路

1 ①パルス　②パルス幅　③周期　④周波数

⑤衝撃係数　⑥ブラウン管　⑦掃引時間

⑧帰線時間

2(1) ウ　$w \ll R_1 C_1$　(2) 積分回路

(3) ア　$w \gg R_2 C_2$　(4) 微分回路

1(1) 図から $v_R = v_i - v_C$ によって求める。

$$v_C = v_i\left(1 - \varepsilon^{-\frac{t}{RC}}\right)$$

$t = 1\,\text{s}$ のとき，$v_C = 6.32\,\text{V}$

$$6.32 = 10\left(1 - \varepsilon^{-\frac{1}{RC}}\right)$$

$$10\varepsilon^{-\frac{1}{RC}} = 10 - 6.32 = 3.68$$

$$\varepsilon^{-\frac{1}{RC}} = 0.368$$

$$\frac{1}{RC} = 1 \qquad RC = 1\,\text{s}$$

(2) $RC = 1\,\text{s}$ $\quad C = \dfrac{1}{R} = \dfrac{1}{10^6} = 1\,\mu\text{F}$

(3) $RC = 1\,\text{s}$

$$R = \frac{1}{C} = \frac{1}{10 \times 10^{-6}} = 0.1\,\text{M}\Omega$$

(4)

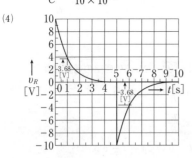

1(1) $I_1 = \dfrac{\dfrac{200}{\sqrt{2}}}{\sqrt{4^2 + 3^2}} = \dfrac{200}{\sqrt{2} \times 5} = \dfrac{40}{\sqrt{2}}\,\text{A}$

$I_3 = \dfrac{\dfrac{50}{\sqrt{2}}}{\sqrt{4^2 + (3 \times 3)^2}} = \dfrac{50}{\sqrt{2} \times \sqrt{97}} = \dfrac{5.08}{\sqrt{2}}\,\text{A}$

$I_5 = \dfrac{\dfrac{30}{\sqrt{2}}}{\sqrt{4^2 + (5 \times 3)^2}} = \dfrac{30}{\sqrt{2} \times \sqrt{241}} = \dfrac{1.93}{\sqrt{2}}\,\text{A}$

$I = \sqrt{\left(\dfrac{40}{\sqrt{2}}\right)^2 + \left(\dfrac{5.08}{\sqrt{2}}\right)^2 + \left(\dfrac{1.93}{\sqrt{2}}\right)^2}$

$\quad = \sqrt{814.8} = 28.5\,\text{A}$

(2) $V = \sqrt{\left(\dfrac{200}{\sqrt{2}}\right)^2 + \left(\dfrac{50}{\sqrt{2}}\right)^2 + \left(\dfrac{30}{\sqrt{2}}\right)^2}$

$\quad = \sqrt{21\,700} = 147\,\text{V}$

(3) $\theta_1 = \tan^{-1}\dfrac{3}{4} = 36.9° \ (= 0.644\,\text{rad})$

$\theta_3 = \tan^{-1}\dfrac{9}{4} = 66° \ (= 1.15\,\text{rad})$

$\theta_5 = \tan^{-1}\dfrac{15}{4} = 75° \ (= 1.31\,\text{rad})$

$P = \dfrac{200}{\sqrt{2}} \times \dfrac{40}{\sqrt{2}} \times \cos 36.9°$

$\quad + \dfrac{50}{\sqrt{2}} \times \dfrac{5.08}{\sqrt{2}} \times \cos 66°$

$\quad + \dfrac{30}{\sqrt{2}} \times \dfrac{1.94}{\sqrt{2}} \times \cos 75°$

$\quad = 3.26 \times 10^3\,\text{W}$

(4) $\cos\theta = \dfrac{P}{VI} = \dfrac{3.26 \times 10^3}{147 \times 28.5} = 0.778$

2 $\tau = RC = 10 \times 10^3 \times 0.1 \times 10^{-6} = 10^{-3}\,\text{s}$

$\quad = 1\,\text{ms}$

3 $\tau = \dfrac{L}{R} = \dfrac{10 \times 10^{-3}}{50} = 2 \times 10^{-4}\,\text{s} = 0.2\,\text{ms}$

6　右図の磁気回路で，磁路の断面積の半径が 2 cm，磁路の長さ 50 cm，コイルの巻数 600 回，比透磁率 800 であれば，自己インダクタンス L [H] はいくらか。

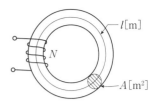

7　右図の磁気回路で，一次・二次のコイルの巻数がそれぞれ 1 000 回，2 000 回，比透磁率 600，磁路の断面積 3 cm² であり，両コイル間の相互インダクタンスが 3 H であるという。磁路の長さ l [cm] はいくらか。

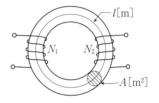

8　自己インダクタンス 20 mH，および 40 mH の一次，二次の二つのコイルがあり，相互インダクタンスは 25 mH である。この二つのコイルから得られる全体の自己インダクタンスの最小値 L_0 [mH] と最大値 L_m [mH] はそれぞれいくらか。

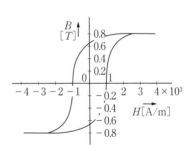

9　右図は，鉄心のヒステリシス特性の例である。次の問いに答えよ。

(1)　最大の磁束密度はいくらか。

(2)　残留磁気はいくらか。

(3)　保磁力はいくらか。

(4)　ループ内の面積は何を表すか。

(5)　磁石にはどのような条件を備えた材料が用いられるか。

第5章　交流回路

1 交流の発生と表し方 （教科書1　p.188〜197）

1 正弦波交流 （教科書1　p.188〜191）

1 次の文の（　　）に適切な用語または記号を入れよ。

(1) 交流とは，電圧や電流の (① 　　　　　) と (② 　　　　　) が時間の
経過とともに周期的に変化するものをいう。

(2) 右図は，時間に対して正弦波状に変化する交流で，
とくに (③ 　　　　　) とよばれる。

(3) 同じ波形が1秒間に f 回繰り返されるとき，f を
(④ 　　　　　) といい，単位には (⑤ 　　　　　) が使われ，
記号は (⑥ 　　　　　) で表される。

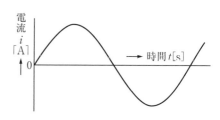

2 周波数が 200 kHz のときの周期 T [s] を求めよ。

2 角周波数 （教科書1　p.192〜193）

1 次の文の（　　）に適切な用語または数値を入れよ。

(1) 角度を表すのに，度 [°] のほかに (① 　　　　　) という単位が
用いられ，単位記号は [rad] で表す。

(2) 1 rad とは，半径が 1 m の円の場合，(② 　　　　　) の長さが
(③ 　　　　　) m になるような (④ 　　　　　) の角度をいう。

ポイント

○角度の単位
$$360° = 2\pi \text{ rad}$$
$$\theta = \frac{x}{180} \times \pi \text{ [rad]}$$
---

2 （　　　　）に適切な数値や記号を入れ，[°] と [rad] を変換せよ。

(1) $360° = (① \quad\quad) \text{ rad}$

(2) $1° = \dfrac{(② \quad\quad)}{360} \text{ rad} = \dfrac{(③ \quad\quad)}{180} \text{ rad}$

(3) $30° = 30 \times \dfrac{(④ \quad\quad)}{180} \text{ rad} = \dfrac{(⑤ \quad\quad)}{(⑥ \quad\quad)} \text{ rad}$

(4) $\pi \text{ rad} = \dfrac{(⑦ \quad\quad)°}{2} = (⑧ \quad\quad)°$

(5) $\dfrac{\pi}{6} \text{ rad} = \dfrac{(⑨ \quad\quad)°}{6} = (⑩ \quad\quad)°$

↪ **2** の(1)より求めよ。また，この式は，[°] から [rad] に変換するときに用いる。

↪ 1° は $\dfrac{\pi}{180}$ rad である。

↪ **2** の(1)より求めよ。また，この式は [rad] から [°] に変換するときに用いる。

↪ π rad は 180° である。

3　下図の正弦波交流の(1)～(4)の角度はいくらか。(　　)に適切な
数値を入れよ。

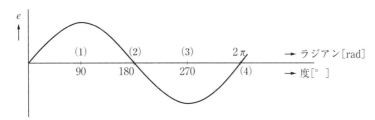

〔計算式〕

(1)　$90° = \dfrac{(①\qquad)}{180} \times \pi\,\text{rad} = \dfrac{(②\qquad)}{(③\qquad)}\,\text{rad}$

(2)　$180° = \dfrac{(④\qquad)}{180} \times \pi\,\text{rad} = (⑤\qquad)\,\text{rad}$

(3)　$270° = \dfrac{(⑥\qquad)}{180} \times \pi\,\text{rad} = \dfrac{(⑦\qquad)}{(⑧\qquad)}\,\text{rad}$

(4)　$2\pi\,\text{rad} = (⑨\qquad)°$

例題 4　次の角度を [rad] または [°] で示せ。

(1)　$60° = (\qquad)\,\text{rad}$

(2)　$300° = (\qquad)\,\text{rad}$

(3)　$\dfrac{2}{3}\pi\,\text{rad} = (\qquad)°$

(4)　$\dfrac{4}{3}\pi\,\text{rad} = (\qquad)°$

5　次に示す周波数の正弦波交流の角周波数 ω [rad/s] は，それぞれ
いくらか。　　　　　　　　　　　　　　　　　　　　　　　　　　　🔁 π はそのままでよい。

(1)　100 Hz　　　　　　　　(2)　50 Hz

　　　　　　　　　　　　　　　　　　　　　　　　┌─ **ポイント** ──────┐
　　　　　　　　　　　　　　　　　　　　　　　　│ ○角周波数　　　　　　　│
(3)　60 Hz　　　　　　　　　(4)　1 kHz　　　　│ 　$\omega = 2\pi f$ [rad/s]　│
　　　　　　　　　　　　　　　　　　　　　　　　└────────────┘

例題 6　正弦波交流の角周波数 ω が次に示した値であったという。周波
数 f [Hz] はそれぞれいくらか。　　　　　　　　　　　　　　　🔁 $\pi = 3.14$ とする。

(1)　20π rad/s　　　　　　(2)　500π rad/s

(3)　314 rad/s　　　　　　　(4)　62.8 rad/s

3 交流の表し方 ―瞬時値と最大値― （教科書1 p.194）

1 次の文の（　）に適切な用語を入れよ。

　交流起電力 e [V] と交流電流の i [A] は，時々刻々に変化しており，それぞれの時刻における値を（①　　　　　）という。

　この波形のうち，最大の値 E_m [V] および I_m [A] をそれぞれの（②　　　　　）または振幅という。

 2 下図は交流起電力の波形と式である。次の問いに答えよ。

(1) （　）に適切な用語を入れよ。

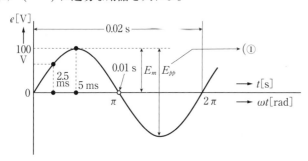

```
┌─────── ポイント ───────┐
│ ○正弦波交流の瞬時値           │
│   $e = E_m \sin\theta$      │
│     $= E_m \sin\omega t$ [V] │
│ ○周波数と周期               │
│   $f = \dfrac{1}{T}$ [Hz]   │
│   $T = \dfrac{1}{f}$ [s]    │
└──────────────────────┘
```

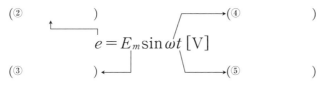

(2) 上図の波形の周期 T [s] と周波数 f [Hz] の値はいくらか。

　　　$T = $（⑥　　　　）s　　　　$f = $（⑦　　　　）Hz

(3) ω [rad/s] と E_m [V] の値はいくらか。

　　　$\omega = $（⑧　　　　）rad/s　　$E_m = $（⑨　　　　）V

(4) 次の $\sin\theta$ の値はそれぞれいくらか。

　　　$\sin 30° = $（⑩　　　　），$\sin 60° = $（⑪　　　　）

　　　$\sin \dfrac{\pi}{2} = $（⑫　　　　），$\sin \dfrac{\pi}{4} = $（⑬　　　　）

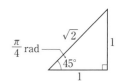

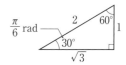

➡ [rad] を [°] に変換し教科書前見返し・付録の「三角関数の公式」を参照せよ。

(5) 上図の波形で，$t = 0.01$ s，5 ms，2.5 ms における各瞬時値 e [V] の値はそれぞれいくらか。

　　　$t = 0.01$ s のとき

　　　　$e = $（　　　　　　　　　　　）=（⑭　　　　）V

　　　$t = 5$ ms のとき

　　　　$e = $（　　　　　　　　　　　）=（⑮　　　　）V

　　　$t = 2.5$ ms のとき

　　　　$e = $（　　　　　　　　　　　）=（⑯　　　　）V

3 交流の表し方 ―平均値と実効値― （教科書1 p.195〜197）

1 次の文の（ ）に適切な用語，または数値や記号を入れよ。

(1) 右下図の波形に示すように，半周期について平均値 E_a [V] を
求め，これを交流の（① ）とする。

E_a と E_m の関係は次式で表される。

$$E_a = \frac{2}{\pi} E_m \quad または$$

$$E_m = (② \qquad) E_a$$

(2) 直流と同じ熱量を発生する交流の値 E [V] を，その交流の
（③ ）という。

E と E_m の関係は次式で表される。

$$E = \frac{1}{\sqrt{2}} E_m \quad または$$

$$E_m = (④ \qquad) E$$

ポイント

○平均値と最大値の関係

電圧 $E_a = \dfrac{2}{\pi} E_m$ [V]

電流 $I_a = \dfrac{2}{\pi} I_m$ [A]

○実効値と最大値の関係

電圧 $E = \dfrac{1}{\sqrt{2}} E_m$ [V]

電流 $I = \dfrac{1}{\sqrt{2}} I_m$ [A]

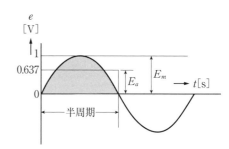

2 最大値が 141 V の交流起電力の実効値 E [V] は
いくらか。

➡ $\sqrt{2} = 1.41$ で計算する。

3 最大値が 157 V の交流起電力の平均値 E_a [V] はいくらか。

➡ $\pi = 3.14$ として計算する。

4 実効値が 20 A の交流電流の最大値 I_m [A] と平均値 I_a [A] はい
くらか。

例題 5 平均値が 50 A の交流電流の最大値 I_m [A] と実効値 I [A] はいく
らか。

6 実効値が 120 V, 周波数が 50 Hz の正弦波交流起電力の瞬時値 e [V] を式で表せ。

$$e \ = $$

⊕ $\omega = 2\pi f$ の π はそのまま残す。

7 平均値が 10 A, 周波数が 60 Hz の正弦波交流電流の瞬時値 i [A] を式で表せ。

$$i \ = $$

8 右図に示す正弦波交流の波形について, 次の問いに答えよ。

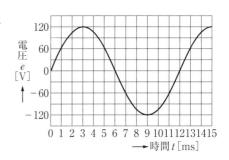

(1) この波形の周期 T [s], 周波数 f [Hz] はいくらか。

$$T \ = $$

$$f \ = $$

(2) 角周波数 ω [rad/s] はいくらか。

$$\omega \ = $$

(3) 最大値 E_m [V], 実効値 E [V], 平均値 E_a [V] はいくらか。

$$E_m =$$

$$E \ =$$

$$E_a =$$

(4) 瞬時値 e [V] を式で示せ。

$$e \ = $$

(5) $t = 1\,\mathrm{ms}$, $4\,\mathrm{ms}$ のとき, 瞬時値 e [V] の値はそれぞれいくらか。

$t = 1\,\mathrm{ms}$ のとき

$$e \ = $$

$t = 4\,\mathrm{ms}$ のとき

$$e \ = $$

2　交流回路の電流・電圧 （教科書 1　p.198〜227）

1　位相差とベクトル （教科書 1　p.198〜204）

例題 1　正弦波交流について，次の文の（　　）に適切な用語や数値，記号などを入れよ。

ポイント

○位相差の求め方
$$e_1 = E_m \sin \omega t \,[\text{V}]$$
$$e_2 = E_m \sin(\omega t + \theta)\,[\text{V}]$$
のとき，e_1 と e_2 の位相差
位相差 $= \omega t - (\omega t + \theta)$
$$= -\theta$$
（e_1 は，e_2 より θ 遅れ，
e_2 は，e_1 より θ 進んでいる）

(1)　二つ以上の波形の変化に（①　　　　　）的なずれがあるとき，こ
のずれを位相という。また位相を角度でみるとき（②　　　　　）
という。

(2)　右図において，e_2 は e_1 より位相が θ_2（③　　　　　）という。
$e_1\,[\text{V}]$ と $e_2\,[\text{V}]$ の瞬時値の式を示すと
$$e_1 = (④　　　　　　　　)$$
$$e_2 = (⑤　　　　　　　　) \text{ となる。}$$

(3)　右図において，e_3 は e_1 より位相が θ_3
（⑥　　　　　　　）という。$e_3\,[\text{V}]$ の瞬時値の式
を示すと
$$e_3 = (⑦　　　　　　　　) \text{ となる。}$$

(4)　右図の e_1 と e_4 は，起電力の大きさが違って
いるが，位相のずれがないので，（⑧　　　　　）
であるという。$e_4\,[\text{V}]$ の瞬時値の式を示すと
$$e_4 = (⑨　　　　　　　　) \text{ となる。}$$

(5)　二つの交流起電力の位相の差を（⑩　　　　　）
という。$e_5\,[\text{V}]$ と $e_6\,[\text{V}]$ の瞬時値の式を示す
と
$$e_5 = (⑪　　　　　　　　)$$
$$e_6 = (⑫　　　　　　　　) \text{ となる。}$$

(6)　$t = 0$ における e_5 の位相は（⑬　　　　）rad
で，e_6 の位相は（⑭　　　　）rad である。

(7)　e_5 と e_6 の位相差 θ は（⑮　　　　）rad にな
る。

(8)　e_5 のほうが，e_6 よりも（⑯　　　　）rad だ
け（⑰　　　　）いる。また逆に e_6 のほうが，
e_5 よりも（⑱　　　　）rad だけ（⑲　　　　）
いる，ともいえる。

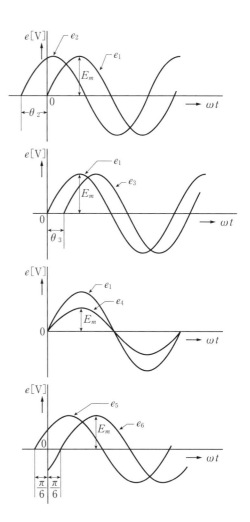

2 右図は，それぞれの起電力の大きさ E_m [V] が等しく位相差がたがいに $\dfrac{2}{3}\pi$ rad である三相交流波形である。e_a [V]，e_b [V]，e_c [V] の瞬時値の式を示せ。

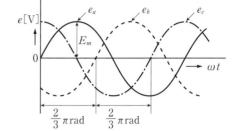

$e_a =$

$e_b =$

$e_c =$

◐ 三相交流で学習するので覚えておく。

3 実効値が 100 V，周波数が 60 Hz，位相が $\dfrac{\pi}{3}$ rad 遅れている正弦波交流起電力の瞬間値 e [V] の式を示せ。

$e =$

4 $i_1 = 50\sqrt{2}\sin\left(\omega t + 30°\right)$ [A] と $i_2 = 30\sqrt{2}\sin\left(\omega t - \dfrac{\pi}{3}\right)$ [A] の正弦波交流がある。i_1 は i_2 に比べてどれだけ位相が進んでいるか，または遅れているか。

5 電動機に実効値 200 V の電圧を加えたら，実効値 10 A の電流が流れ，波形は右図のような正弦波であった。e [V] と i [A] の瞬時値を式で示せ。

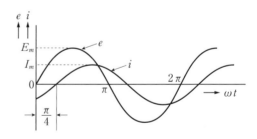

$e =$

$i =$

6 右図の正弦波交流 e_1 [V] と e_2 [V] の瞬時値を式で示せ。

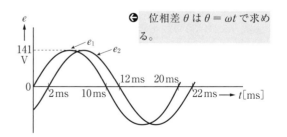

◐ 位相差 θ は $\theta = \omega t$ で求める。

$e_1 =$

$e_2 =$

2 *R*, *L*, *C* 単独の回路 ―抵抗 *R* だけの回路― （教科書1 p.204〜205）

例題 1 次の（　）に適切な用語や式などを入れよ。

(1) 抵抗だけの回路に交流起電力 $e = \sqrt{2}\,V\sin\omega t$ [V] の電圧を加

えたとき，電圧 v [V] と電流 i [A] の瞬時値の式を示せ（電圧と

電流の実効値は V と I とする）。

$$v = (①\qquad\qquad)\,[\text{V}]$$

$$i = (②\qquad\qquad)\,[\text{A}]$$

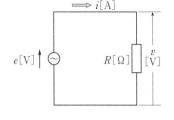

ポイント

○抵抗回路の位相差
電圧 v と電流 i の位相差
は0で，同相となる。

(2) 電流と電圧の実効値の間には，次の関係がある。

$$I = (③\qquad\qquad)\,[\text{A}]$$

(3) 右のベクトル図に電流
のベクトル $\dot{I}$ を記入せよ。

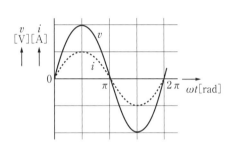

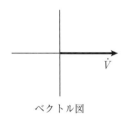

ベクトル図

(4) 電圧 v [V] と電流 i [A]
の位相差は（④　　　　）
で（⑤　　　　）である。

2 右図の抵抗回路において，次の問いに答えよ。

(1) 電流の実効値 I [A] はいくらか。

(2) 電流の瞬時値 i [A] の式を示せ。

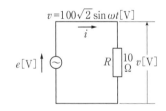

3 $v = 200\sqrt{2}\sin\left(\omega t + \dfrac{\pi}{6}\right)$ [V] の電圧が $R = 20\,\Omega$ の抵抗に加

わっているとき，次の問いに答えよ。

(1) 電流の実効値 I [A] はいくらか。

$$I =$$

(2) 電流の瞬時値 i [A] の式を示せ。

$$i =$$

(3) 右のベクトル図に電流 $\dot{I}$ のベクトルを記入せよ（$\dot{V}$ より短く描

く）。

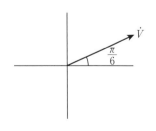

[2] *R, L, C* 単独の回路 ―インダクタンス *L* だけの回路― (教科書1 p.206〜207)

例題 1 次の ( ) に適切な式や用語を入れよ。

(1) 右図のようなインダクタンス *L* [H] だけの回路に，交流起電力 $e = \sqrt{2}V\sin\omega t$ [V] の電圧を加えたとき，電圧 *v* [V] と電流 *i* [A] の瞬時値の式を示せ (実効値は *V* と *I* とする)。

$$v = (① \qquad\qquad) [\mathrm{V}]$$
$$i = (② \qquad\qquad) [\mathrm{A}]$$

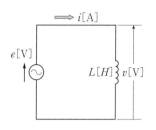

(2) 電流 *i* [A] は電圧が *v* [V] より位相が
(③) rad だけ (④) いることになる。

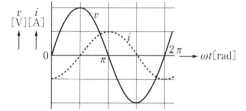

(3) 右のベクトル図に電流のベクトル $\dot{I}$ を記入せよ。

(4) 電流と電圧の実効値の間には，次の関係がある。
$$I = (⑤ \qquad) [\mathrm{A}]$$

(5) X_L [Ω] のことを (⑥) といい，次式で表される。
$$X_L = (⑦ \qquad) = (⑧ \qquad)$$

⊝ $\omega = 2\pi f$ [rad/s]

⊝ ⑦は ω を用いて表せ。
⑧は *f* を用いて表せ。

2 右図の 10 mH のインダクタンスに実効値 100 V の電圧が加わっているとき，次の問いに答えよ。

(1) 周波数が 50 Hz のとき，誘導性リアクタンス X_L [Ω] を求めよ。

(2) 電流の実効値 *I* [A] はいくらか。

(3) 周波数が 100 Hz のとき，同様に X_L [Ω] を求めよ。

(4) (3)の場合の電流の実効値 *I* [A] はいくらか。

(5) 周波数が 2 倍になると，電流は何倍になるか。

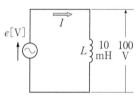

ポイント

○インダクタンスだけの回路の位相差
電流 *i* は電圧 *v* より位相が $\dfrac{\pi}{2}$ rad 遅れる。

○誘導リアクタンス
$X_L = \omega L = 2\pi f L$ [Ω]

3　インダクタンスだけの回路に周波数 50 Hz, 実効値 100 V の電圧を加えたとき, 実効値が 10 A の電流が流れた。誘導性リアクタンス X_L [Ω] とインダクタンス L [mH] はいくらか。

4　インダクタンスだけの回路に周波数 50 Hz, 実効値 100 V の電圧を加えたとき, 実効値 20 A の電流が流れた。この回路に周波数 60 Hz, 実効値 180 V の電圧を加えると, 電流の実効値 I [A] はいくらか。

5　誘導性リアクタンスが 10 Ω の回路に, $v = 200\sqrt{2} \sin 120\pi t$ [V] の電圧が加わっているとき, 流れる電流の瞬時値 i [A] の式を示せ。

6　20 mH のインダクタンスに, $v = 200\sqrt{2} \sin\left(100\pi t + \dfrac{\pi}{3}\right)$ [V] の電圧が加わっているとき, 次の問いに答えよ。

(1)　周波数 f [Hz] はいくらか。

(2)　誘導性リアクタンス X_L [Ω] はいくらか。

(3)　電流の実効値 I [A] はいくらか。

(4)　瞬時値 i [A] の式を示せ。

2 *R*, *L*, *C* 単独の回路 　—静電容量 *C* だけの回路— （教科書1　p.208〜209）

 1 次の（　　）に適切な式や用語を入れよ。

(1) 右図のような静電容量 C[F] だけの回路に，交流起電力 $e = \sqrt{2}\,V\sin\omega t$ [V] の電圧を加えたとき，電圧 v[V] と電流 i [A] の瞬時値の式を示せ（実効値は V と I とする）。

$$v = （①　　　　　　　）[V]$$
$$i = （②　　　　　　　）[A]$$

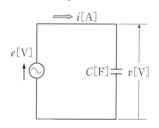

(2) 電流 i[A] は電圧 v[V] より位相が （③　　　　）rad だけ（④　　　　）いることになる。

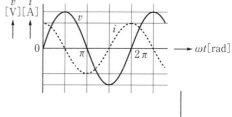

(3) 右のベクトル図に電流のベクトル $\dot{I}$ を記入せよ。

(4) 電流 I[A] と電圧 V[V] の実効値の間には，次の関係がある。
$$I = （⑤　　　　）$$

(5) X_C[Ω] のことを（⑥　　　　　　　　　）といい，次式で表される。
$$X_C = （⑦　　　　）= （⑧　　　　　）$$

❺ ⑦は ω，⑧は f を用いて表せ。

2 右図のコンデンサ回路において，実効値 100 V の電圧が加わっているとき，次の問いに答えよ。

(1) $f = 50$ Hz のときの容量性リアクタンス X_C [kΩ]，電流の実効値 I[mA] を求めよ。

(2) $f = 100$ Hz のときの容量性リアクタンス X_C [kΩ]，電流 I [mA] を求めよ。

(3) 電圧 V と電流 I では，どちらの位相が何 [rad] 進んでいるか。

ポイント

○静電容量だけの回路の位相差
　電流 i は電圧 v より位相が $\dfrac{\pi}{2}$ rad 進む。

○容量リアクタンス
$$X_C = \frac{1}{\omega C} = \frac{1}{2\pi f C}\,[\Omega]$$

3　静電容量が 10 µF の回路に，周波数 50 Hz，実効値 100 V の電圧が加わっているとき，次の問いに答えよ。

(1)　容量性リアクタンス X_C [Ω] はいくらか。

(2)　電流 I [A] はいくらか。

4　静電容量が 5 µF の回路に，周波数 60 Hz，実効値 100 V の電圧が加わっているとき，流れる電流の実効値 I [A] はいくらか。

5　静電容量 C [F] の回路に周波数 50 Hz，実効値 100 V の電圧が加わっているとき，実効値 0.2 A の電流が流れた。容量性リアクタンス X_C [Ω] と静電容量 C [µF] はいくらか。

6　容量性リアクタンスが 10 Ω の回路に，$v = 100\sqrt{2} \sin 120\pi t$ [V] の電圧が加わっているとき，静電容量 C [µF] と，流れる電流の瞬時値 i [A] の式を示せ。

7　静電容量が 50 µF の回路に，$v = 200\sqrt{2} \sin\left(100\pi t - \dfrac{\pi}{3}\right)$ [V] の電圧が加わっているとき，流れる電流の瞬時値 i [A] の式を示せ。

3 直列回路 ─*RL* 直列回路─ （教科書1 p.210〜211）

例題 **1** 右図の *RL* 直列回路に $e = 100\sqrt{2}\sin 100\pi t$ [V] の正弦波交

流起電力を加えたとき，次の問いに答えよ。

(1) 誘導性リアクタンス X_L [Ω] はいくらか。

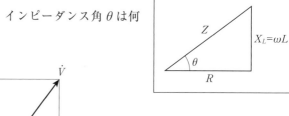

(2) インピーダンス Z [Ω] はいくらか。

(3) それぞれの実効値 V [V]，I [A]，V_L [V]，V_R [V] はいくらか。

$V =$ $\qquad$ $I =$

$V_L =$ $\qquad$ $V_R =$

ポイント

○ *RL* 直列回路のインピーダンス

$$Z = \sqrt{R^2 + X_L{}^2}\ [\Omega]$$

○インピーダンス角

$$\theta = \tan^{-1}\frac{X_L}{R}\ [°]$$

または [rad]

○インピーダンス三角形

(4) インピーダンス三角形の図と，電圧のベクトル図の各値の大き

さを図の（　　）内に記入せよ。また，インピーダンス角 θ は何

[rad] か。また，何 [°] か。

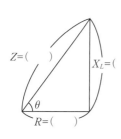

インピーダンス三角形　　　　　電圧のベクトル

(5) 次の文の（　　）に適切な用語や記号を入れよ。

　　RL 直列回路の両端の電圧 $\dot{V}$ を基準にとり，回路に流れる電流

$\dot{I}$ をベクトル図に表すと，$\dot{I}$ は $\dot{V}$ より位相が（①　　　　）[rad]

だけ（②　　　　）いる。

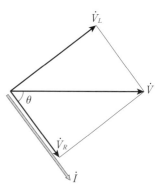

電圧 $\dot{V}$ を基準としたベクトル

(6) この回路に流れる電流の瞬時値 i [A] を式で示せ。

　　　$i =$

2 右図の RL 直列回路において，次の問いに答えよ。

(1) インピーダンス $Z\,[\Omega]$ および電流 $I\,[A]$ を求めよ。

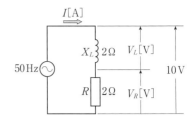

(2) 電源の周波数が $50\,Hz$ であれば，インダクタンス $L\,[mH]$ はいくらか。

(3) 各端子電圧の実効値 $V_R\,[V]$ と $V_L\,[V]$ はいくらか。

(4) インピーダンス角 θ は何 $[rad]$ か。また，何 $[^\circ]$ か。

3 右図の回路の $V_R\,[V]$ および $V_L\,[V]$ はいくらか。また，誘導リアクタンス $X_L\,[\Omega]$ を求めよ。

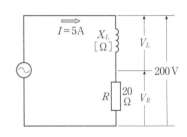

4 RL 直列回路に実効値 $100\,V$ の電圧を加えたら $10\,A$ の電流が流れた。電圧と電流のインピーダンス角は $\dfrac{\pi}{6}\,rad$ であった。抵抗 R $[\Omega]$ と誘導性リアクタンス $X_L\,[\Omega]$ はいくらか。また，インピーダンス $Z\,[\Omega]$ はいくらか。

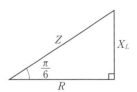

3　直列回路　―*RC* 直列回路―　（教科書1　p.212～213）

1　右図の *RC* 直列回路に $e = 100\sqrt{2}\sin 100\pi t$ [V] の正弦波
交流起電力を加えたとき，次の問いに答えよ。

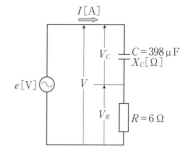

(1)　容量性リアクタンス X_C [Ω] はいくらか。

(2)　インピーダンス Z [Ω] はいくらか。

(3)　各実効値 V [V]，I [A]，V_C [V]，V_R [V] はいくらか。

$V =$　　　　　　　　　$I =$

$V_C =$　　　　　　　　$V_R =$

ポイント

○ *RC* 直列回路のインピー
ダンス

$Z = \sqrt{R^2 + X_C{}^2}$ [Ω]

○インピーダンス角

$\theta = \tan^{-1}\left(\dfrac{X_C}{R}\right)$ [°]

または [rad]

○インピーダンス三角形

(4)　インピーダンス三角形の図と，電圧のベクトル図の各値の大き
さを図の（　　）内に記入せよ。また，インピーダンス角 θ は何
[rad] か。また，何 [°] か。

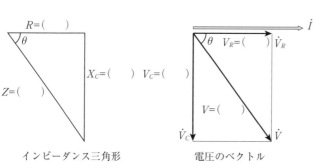

インピーダンス三角形　　　　　電圧のベクトル

(5)　次の文の（　　）内に適切な用語や記号を入れよ。

　　RC 直列回路の両端の電圧 $\dot{V}$ を基準にとり，回路に流れる電流
$\dot{I}$ をベクトル図に表すと，$\dot{I}$ は $\dot{V}$ より位相が（①　　　　　）[rad]
だけ（②　　　　　）いる。

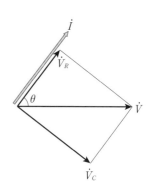

(6)　この回路に流れる電流の瞬時値 i [A] を式で示せ。

　　$i =$

2　静電容量が 220 μF，抵抗が 8 Ω の直列回路に，周波数 60 Hz の
　　交流電圧を加えたとき，次の問いに答えよ。

(1)　容量性リアクタンス X_C [Ω] はいくらか。

(2)　インピーダンス Z [Ω] はいくらか。

3　右図の *RC* 直列回路において，次の問いに答えよ。

(1)　インピーダンス Z [Ω] および電流 I [A] を求めよ。

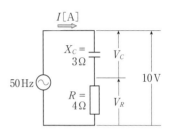

(2)　電源の周波数が 50 Hz であれば，静電容量 C [μF] はいくら
　　か。

(3)　電流 $\dot{I}$ を基準にして，$\dot{V}_R$，$\dot{V}_C$ および $\dot{V}$ のベクトル図を描け。

(4)　インピーダンス角 θ は何 [rad] か。また，何 [°] か。

例題 4　100 V，5 kHz の交流電圧を，$R = 20$ Ω，$C = \dfrac{10}{3.14}$ μF の直列回
　　路に加えたときのインピーダンス Z [Ω] と電流 I [A]，および電圧
　　と電流のインピーダンス角 θ [°] および [rad] を求めよ。

③ 直列回路 －*RLC*直列回路－ （教科書1 p.214～217）

1 *RLC*直列回路に関する次の文の（　　）に適切な用語などを入れよ。

(1) $X_L > X_C$ のとき，電流の位相は電圧の位相より（① 　　　　　）性質がある。この性質を（② 　　　　）性という。

(2) $X_L = X_C$ のとき，インピーダンス角 θ は（③ 　　　　）rad で，電流と電圧の位相は（④ 　　　　）である。すなわち，*R* だけの回路に等価で，電流 *I* の値は，$I = $（⑤ 　　　　）で（⑥ 　　　　）となり，直列共振の状態になる。

(3) $X_L < X_C$ のとき，電流の位相は電圧の位相より（⑦ 　　　　）性質がある。この性質を（⑧ 　　　　）性という。

> **ポイント**
>
> ○ *RLC* 直列回路のインピーダンス
> $$Z = \sqrt{R^2 + (X_L - X_C)^2}\ [\Omega]$$
> ○ インピーダンス角
> $$\theta = \tan^{-1}\frac{|X_L - X_C|}{R}\ [°]$$
> または [rad]
> $X_L > X_C$ のとき 誘導性
> $X_L = X_C$ のとき 同相
> $X_L < X_C$ のとき 容量性

例題 2 右図のような *RLC* 直列回路について，次の問いに答えよ。

(1) インピーダンス Z [Ω] および回路に流れる電流の大きさ I [A] はいくらか。

(2) 端子電圧 V_R [V]，V_L [V]，V_C [V] の実効値を求めよ。

(3) 右図のインピーダンス三角形の各値の大きさを（　　　）に入れよ。

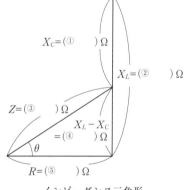

$X_C=$（① 　　　）Ω

$X_L=$（② 　　　）Ω

$Z=$（③ 　　　）Ω

$X_L - X_C$
$=$（④ 　　　）Ω

$R=$（⑤ 　　　）Ω

インピーダンス三角形

(4) インピーダンス角 θ は何 [rad] か。また，何 [°] か。

> $\theta = \tan^{-1}\left(\dfrac{|X_L - X_C|}{R}\right)$

(5) 電流 $\dot{I}$ は電圧 $\dot{V}$ より位相が何 [°] 進んでいるか，または遅れているか。

回路図：$I \Rightarrow$，$V = 100\,\mathrm{V}$，V_R — $R = 4\,\Omega$，V_L — $X_L = 8\,\Omega$，V_C — $X_C = 5\,\Omega$

3　右図のような RLC 直列回路について，次の問いに答えよ。

(1)　インピーダンス Z [Ω] と電流の大きさ I [A] はそれぞれいくらか。

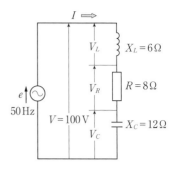

(2)　$e = 100\sqrt{2}\sin 100\pi t$ [V] を基準としたときの，電流の瞬時値 i [A] を式で示せ (位相角は [rad] で示せ)。

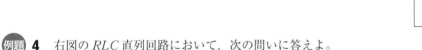

```
┌───────ポイント───────┐
○共振周波数
      f₀ =  1/(2π√LC) [Hz]
└─────────────────────┘
```

○共振周波数
$$f_0 = \frac{1}{2\pi\sqrt{LC}}\ [\text{Hz}]$$

例題 4　右図の RLC 直列回路において，次の問いに答えよ。

(1)　共振周波数 f_0 [kHz] はいくらか。

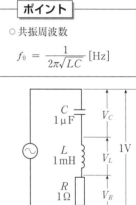

(2)　そのときの I [A], V_R [V], V_L [V], V_C [V] のそれぞれの値を求めて，ベクトル図を描け。

4 並列回路 ―*RL* 並列回路― （教科書1 p.218～219）

例題 **1** 右図の *RL* 並列回路において，次の問いに答えよ。

(1) インピーダンス *Z*[Ω] および電流 *I*[A] はいくらか。

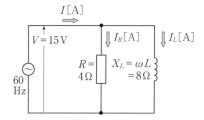

(2) 電源の周波数が 60 Hz であれば，インダクタンス *L*[mH] は
いくらか。

(3) 各電流 I_R[A]，I_L[A] はいくらか。

(4) 電圧と電流の位相差 θ[°] はいくらか。

(5) 電圧 $\dot{V}$ を基準にして，$\dot{I}$，$\dot{I_R}$，$\dot{I_L}$ のベクトル図を描け。

ポイント

○ *RL* 並列回路のインピー
ダンス

$$Z = \frac{1}{\sqrt{\left(\dfrac{1}{R}\right)^2 + \left(\dfrac{1}{X_L}\right)^2}}$$

$$= \frac{1}{\sqrt{\left(\dfrac{1}{R}\right)^2 + \left(\dfrac{1}{\omega L}\right)^2}}$$

$$[\Omega]$$

○位相差 θ

$$\theta = \tan^{-1}\frac{R}{X_L}$$

$$= \tan^{-1}\frac{R}{\omega L}\ [°]$$

$$または [\mathrm{rad}]$$

4 並列回路 —RC並列回路— （教科書1 p.220～221）

例題 1 右図のRC並列回路において，次の問いに答えよ。

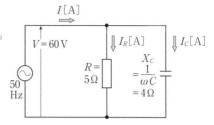

(1) インピーダンス $Z[\Omega]$ および電流 $I[\text{A}]$ はいくらか。

(2) 電源の周波数が $50\,\text{Hz}$ であれば，静電容量 $C[\mu\text{F}]$ はいくらか。

(3) 各電流 $I_R[\text{A}]$，$I_C[\text{A}]$ はいくらか。

(4) 電圧と電流の位相差 $\theta[°]$ はいくらか。

(5) 電圧 $\dot{V}$ を基準にして，$\dot{I}$，$\dot{I}_R$，$\dot{I}_C$ のベクトル図を描け。

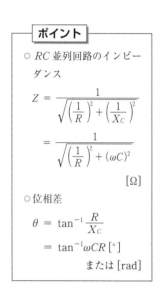

ポイント

○ RC並列回路のインピーダンス

$$Z = \cfrac{1}{\sqrt{\left(\dfrac{1}{R}\right)^2 + \left(\dfrac{1}{X_C}\right)^2}}$$

$$= \cfrac{1}{\sqrt{\left(\dfrac{1}{R}\right)^2 + (\omega C)^2}}$$

$$[\Omega]$$

○ 位相差

$$\theta = \tan^{-1}\frac{R}{X_C}$$

$$= \tan^{-1}\omega CR\,[°]$$

$$\text{または}\,[\text{rad}]$$

4 並列回路 ―*RLC* 並列回路― （教科書1 p.222～225）

例題 **1** 右図の *RLC* 並列回路において，次の問いに答えよ。

(1) インピーダンス Z [Ω] および電流 I [A] はいくらか。

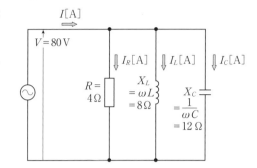

(2) 各電流 I_R [A]，I_L [A]，I_C [A] はいくらか。

(3) 電圧と電流の位相差 θ [°] はいくらか。また，回路は容量性か誘導性か。

(4) 電圧 $\dot{V}$ を基準として，$\dot{I}$, $\dot{I}_R$, $\dot{I}_L$, $\dot{I}_C$ のベクトル図を示せ。

ポイント

○ *RLC* 並列回路のインピーダンス

$$Z = \frac{1}{\sqrt{\left(\dfrac{1}{R}\right)^2 + \left(\dfrac{1}{X_C} - \dfrac{1}{X_L}\right)^2}}$$

$$= \frac{1}{\sqrt{\left(\dfrac{1}{R}\right)^2 + \left(\omega C - \dfrac{1}{\omega L}\right)^2}}$$

[Ω]

○位相差 θ

$$\theta = \tan^{-1}\left|\frac{1}{X_C} - \frac{1}{X_L}\right| R$$

$$= \tan^{-1}\left|\omega C - \frac{1}{\omega L}\right| R [°]$$

または [rad]

○共振周波数 f_0

$$f_0 = \frac{1}{2\pi\sqrt{LC}} [\text{Hz}]$$

例題 **2** 12 Ω の抵抗器と 5 mH のコイルと 0.04 μF のコンデンサを並列接続した。この回路の共振周波数 f_0 [Hz] はいくらか。

3 交流回路の電力 （教科書1 p.228〜233）

1 交流の電力と力率 （教科書1 p.228〜230）

1 交流電力に関する次の文の（　）に適切な用語を入れよ。

　　交流の電力には各瞬間の電力 p [W] である（① 　　　　　　）と，p の平均値である P [W]（② 　　　　　　）がある。交流では，電圧と電流の位相差により $\cos\theta$ で表される（③ 　　　　　）が関係する。

2 右図の回路において，次の問いに答えよ。

(1) $f = 50\,\mathrm{Hz}$ のとき誘導リアクタンス X_L は $31.4\,\Omega$ であった。交流電力 P [W] はいくらか。

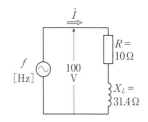

(2) $f = 100\,\mathrm{Hz}$ のときの交流電力 P [W] はいくらか。

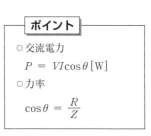

ポイント

○交流電力
$$P = VI\cos\theta\,[\mathrm{W}]$$
○力率
$$\cos\theta = \frac{R}{Z}$$

3 右図の回路の力率 $\cos\theta$ および交流電力 P [kW] はいくらか。

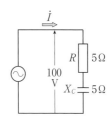

例題 4 $100\,\mathrm{V}$，$60\,\mathrm{Hz}$ の電源に誘導負荷を接続したとき，交流電力は $500\,\mathrm{W}$，電流は $6\,\mathrm{A}$ であった。力率 $\cos\theta$ はいくらか。

5 右図の回路において，力率 $\cos\theta$，および交流電力 P [W] はいくらか。

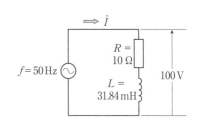

2 皮相電力，有効電力，無効電力 (教科書1 p.230〜232)

1 交流電力に関する次の文の(　　)に適切な用語を入れよ。

交流電力では，みかけの電力である(①　　　　　)電力 S [V·A] と，実際に消費された電力である(②　　　　　)電力 P [W]，消費されない電力である(③　　　　　)電力 Q [var] がある。

> **ポイント**
> ○皮相電力
> $S = VI$ [V·A]
> ○有効電力(交流電力)
> $P = VI\cos\theta$ [W]
> ○無効電力
> $Q = VI\sin\theta$ [var]
> ○三つの電力の関係
> $S^2 = P^2 + Q^2$

2 100 V の交流電圧が加わり，10 A の電流が流れ，800 W の電力が消費された。この回路の力率 $\cos\theta$ と無効率 $\sin\theta$ はいくらか。ただし，$\sin^2\theta + \cos^2\theta = 1$, $\sin\theta = \sqrt{1-\cos^2\theta}$ とする。

3 5 kW の誘導電動機に 200 V の電圧を加えたら，35 A の電流が流れた。この誘導電動機の力率 $\cos\theta$ はいくらか。また，皮相電力 S [kV·A] と無効電力 Q [kvar] はいくらか。

 4 右図の RLC 回路について，次の問いに答えよ。

(1) インピーダンス Z [Ω] と回路に流れる電流 I [A] はいくらか。

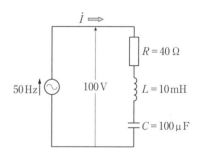

(2) インピーダンス角 θ [rad] と，力率 [%]，無効率 [%] はいくらか。

(3) 有効電力 P [W]，皮相電力 S [V·A]，無効電力 Q [var] はいくらか。

第5章 総合問題

1 $v = 100\sqrt{2} \sin(100\pi t + 30°)$ [V] の正弦波交流電圧がある。この電圧の実効値 V [V]，最大値 V_m [V]，平均値 V_a [V]，角周波数 ω [rad/s]，周波数 f [Hz]，周期 T [ms] はいくらか。また，$t = 0$ s のときの瞬時値 v [V] はいくらか。

2 右図のような回路に交流電圧 V [V] を加えたとき，リアクタンスに加わる電圧 V_x [V] を示す式は，次のうちどれか。

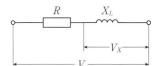

(ア) $\dfrac{X_L V}{R + X_L}$　　(イ) $\dfrac{X_L V}{R - X_L}$

(ウ) $\dfrac{X_L V}{\sqrt{R^2 + X_L{}^2}}$　　(エ) $\dfrac{X_L V}{\sqrt{R^2 - X_L{}^2}}$

3 右図の RC 直列回路に周波数 500 Hz，10 A の電流が流れている。V_R [V]，V_C [V] および V [V] はそれぞれいくらか。

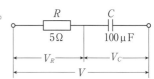

4 コイルに直流 100 V を加えたとき，電流は 2.5 A 流れた。また，そのコイルに周波数 50 Hz，100 V を加えたとき，電流は 2 A 流れた。このコイルの抵抗 R [Ω] とインダクタンス L [mH] はいくらか。

5 右図の RL 並列回路に電圧 12 V を加えた。流れる電流 I [A]，I_R [A]，I_L [A] はいくらか。

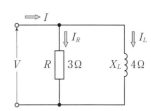

6 右図のようなコイルと，交直両用電流計 A とを直列に接続した
回路の端子 ab 間に，交流 100 V を加えたときの電流計の指示は 20
A であり，直流 100 V を加えたときの電流計の指示は 25 A であっ
た。コイルの抵抗 R [Ω] およびリアクタンス X_L [Ω] はいくらか。
ただし，電流計の内部インピーダンスは無視する。

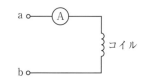

☞ 交流の電圧と電流で Z を
求め，直流の電圧と電流で R
を求める。

7 右図の回路において，A の電流計が B の電流計と同一の値とな
るためには，コンデンサ x は何 μF にしたらよいか。

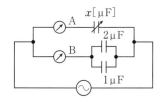

8 40 Ω の抵抗と 30 Ω のリアクタンスを直列に接続し，その両端に
0.5 V の正弦波交流電圧を加えたとき，電流 I [A] および力率 $\cos\theta$
はいくらか。

9 右図の回路に 10 V の正弦波交流電圧を加え，その周波数を変え
ていくとき，何 Hz で電流は最大となるか。また，そのときの電流
I [A] はいくらか。

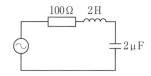

10　抵抗 $10\,\Omega$，コンデンサ $1\,\mu\mathrm{F}$ の直列回路に $100\,\mathrm{V}$ の正弦波交流電圧を加えたとき，電圧と電流の位相差が $\dfrac{\pi}{4}\,\mathrm{rad}$ であった。電源の周波数 f はいくらか。また，そのときの抵抗とコンデンサの両端の電圧 V_R，V_C はそれぞれ何 V か。

11　$v_a = 100\sqrt{2}\sin 100\pi t\,[\mathrm{V}]$，$v_b = 100\sqrt{2}\sin\left(100\pi t - \dfrac{2\pi}{3}\right)[\mathrm{V}]$，

$v_c = 100\sqrt{2}\sin\left(100\pi t - \dfrac{4\pi}{3}\right)[\mathrm{V}]$ の電圧について，次の問いに答えよ。

(1)　v_a，v_b，v_c のそれぞれの位相差 $\theta\,[\mathrm{rad}]$ はいくらか。

(2)　$t = 0.01\,\mathrm{s}$ のときの各相の瞬時値 $v_a\,[\mathrm{V}]$，$v_b\,[\mathrm{V}]$，$v_c\,[\mathrm{V}]$ はいくらか。また，これらの和 $v\,[\mathrm{V}]$ はいくらか。

12　図(a)において，電圧計 V が $100\,\mathrm{V}$，電流計 A が $2\,\mathrm{A}$，電力計 W が $160\,\mathrm{W}$ を示した。次の問いに答えよ。

(1)　電動機 M のインピーダンス $Z\,[\Omega]$ はいくらか。

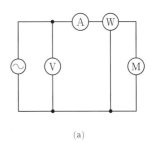

(a)

(2)　電動機の力率 $\cos\theta$ はいくらか。

(3)　電動機は，図(b)のように抵抗とコイルの直列回路と考えられる。$R\,[\Omega]$ および $X_L\,[\Omega]$ はそれぞれいくらか。

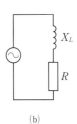

(b)

第6章 交流回路の計算

1 記号法の取り扱い（教科書2 p.6〜19）

ポイント

○虚数単位
$j = \sqrt{-1}$, $j^2 = -1$
$j^3 = -j$, $j^4 = 1$
○複素数
$a + jb$
a：実部
b：虚部

1 複素数とベクトル —複素数—（教科書2 p.6〜7）

1 次の文の（　）に適切な用語または数値，式を入れよ。

(1) $\sqrt{-1}$ を（①　　　）単位といい，（②　　　）という記号で表す。すなわち，$j^2 =$（③　　　）がなりたつ。

(2) 任意の実数 a, b と虚数単位 C を用いた数を（④　　　）といい，$\dot{Z}$ のように文字の上に（⑤　　　）をつけて表す。つまり $\dot{Z} =$（⑥　　　）とする。

(3) a を $\dot{Z}$ の（⑦　　　），b を $\dot{Z}$ の（⑧　　　）という。

(4) 複素数 $\dot{Z} = a + jb$ の b の符号を変えた複素数 $a - jb$ を $\dot{Z}$ の（⑨　　　）といい，（⑩　　　）で表す。

2 次の複素数の四則演算の式を，実部と虚部に分け，（　）内に記号を入れよ。

(1) $(a_1 + jb_1) + (a_2 + jb_2) =$（①　　　）$+ j$（②　　　）

(2) $(a_1 + jb_1) - (a_2 + jb_2) =$（③　　　）$+ j$（④　　　）

(3) $(a_1 + jb_1)(a_2 + jb_2) = a_1a_2 + ja_1b_2 + ja_2b_1 + j^2b_1b_2$
$=$（⑤　　　）$+ j$（⑥　　　）

(4) $\dfrac{a_1 + jb_1}{a_2 + jb_2} = \dfrac{(a_1 + jb_1)(⑦\quad)}{(a_2 + jb_2)(⑦\quad)} = \dfrac{(⑧\quad) + j(⑨\quad)}{a_2{}^2 + b_2{}^2}$
$= \dfrac{(⑩\quad)}{a_2{}^2 + b_2{}^2} + j\dfrac{(⑪\quad)}{a_2{}^2 + b_2{}^2}$ （ただし，$a_2{}^2 + b_2{}^2 \neq 0$）

3 次の数値を簡単にせよ。

(1) $j \times j$ (2) $j \times (-j)$

(3) $\dfrac{-j}{j}$ (4) $\dfrac{1}{j}$

例題 4 次に示す二つの複素数の和および差を求めよ。

(1)　$(5 - j3)$ と $(4 + j12)$

和 ＝

差 ＝

(2)　$(-20 + j5)$ と $(10 - j15)$

和 ＝

差 ＝

(3)　$(R_1 + j\omega L_1)$ と $(R_2 + j\omega L_2)$

和 ＝

差 ＝

(4)　$\left(-\dfrac{1}{2} + j\dfrac{\sqrt{3}}{2}\right)$ と $\left(-\dfrac{1}{2} - j\dfrac{\sqrt{3}}{2}\right)$

和 ＝

差 ＝

5　次の式を計算せよ。

(1)　$(3 + j4)(4 - j3)$

(2)　$(3 + j3)(5 + j5)$

(3)　$(1 + j2)(2 - j3)$

(4)　$\dfrac{6 + j8}{2 + j2}$

(5)　$\dfrac{100}{3 + j4}$

(6)　$\dfrac{4 + j}{5 - j5}$

1 複素数とベクトル ―複素平面― （教科書2 p.8）

1 次の文章の（　）に適切な用語または式を入れよ。

(1) 複素数 $\dot{z} = a + jb$ を直交座標平面上の点 $(a,\ b)$ に対応させた
とき，この平面を（①　　　　）といい，横軸を（②　　　　），縦
軸を（③　　　　）という。

(2) 右図の z を複素数 $\dot{z}$ の大きさまたは，（④　　　　）といい，次
式で表す。

$$z = （⑤　　　　）$$

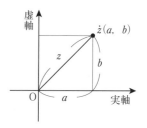

複素数　$\dot{z} = a + jb$

2 右図に示した a～d の各点を，複素数で表せ。また，大き
さを求めよ。

(1) $\dot{a} =$　　　　　　(2) $\dot{b} =$

　　$a =$　　　　　　　　$b =$

(3) $\dot{c} =$　　　　　　(4) $\dot{d} =$

　　$c =$　　　　　　　　$d =$

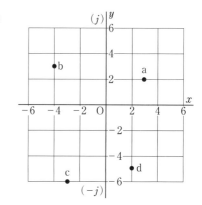

3 次に示す複素数の大きさを求めよ。

(1) $-3 + j4$

(2) $16 + j12$

(3) $9 + j9$

(4) $-3 - j6$

1 複素数とベクトル ―三角関数表示― （教科書2 p.8〜9）

1 次の文の（　　）に適切な用語または数値，記号，式を入れよ。

(1) 右下図の複素平面において，大きさをzとしたとき，zと実軸
のなす角θを（①　　　　）といい，反時計まわりの向きを正と定
める。θは図から，

$$\theta = \tan^{-1}(② \qquad)　となる。$$

(2) 図のaとbの大きさを，zとθで表すと

$$a = (③ \qquad)$$
$$b = (④ \qquad)　となる。$$

(3) また，$\dot{z} = a + jb$ の式に（③　　　）と（④　　　）を
代入すると，

$$\dot{z} = a + jb$$
$$= (⑤ \qquad)$$
$$= (⑥ \qquad)　となる。$$

式（⑥　　　）で表す方法を（⑦　　　）表示という。

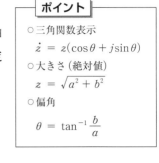

ポイント

○三角関数表示
$$\dot{z} = z(\cos\theta + j\sin\theta)$$
○大きさ（絶対値）
$$z = \sqrt{a^2 + b^2}$$
○偏角
$$\theta = \tan^{-1}\frac{b}{a}$$

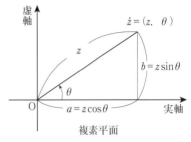

2 次の複素数の大きさzと偏角θ[rad]を求め，三角関数表
示$\dot{z} = z(\cos\theta + j\sin\theta)$で表せ。

(1) $3 + j3\sqrt{3}$

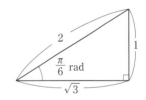

(2) $4 + j3$

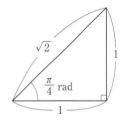

(3) $2 - j2\sqrt{3}$

(4) $2\sqrt{3} - j2$

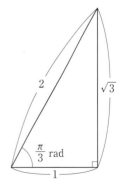

角度と辺の比

1　複素数とベクトル　―指数関数表示と極座標表示― （教科書2 p.9〜10）

1 次の文の（　　）内に適切な用語または数値，記号，式を入れよ。

(1) 三角関数表示において，$\cos\theta + j\sin\theta = \varepsilon^{j\theta}$ と定義すると，式は $\dot{z} =$ (①　　　　　) と表される。このような複素数 $\dot{z}$ の表し方を (②　　　　　) 表示という。

> **ポイント**
>
> ○ 指数関数表示　$\dot{z} = z\varepsilon^{j\theta}$
> ○ 極座標表示　$\dot{z} = z\angle\theta$

(2) 指数関数表示を $\dot{z} = z\angle\theta$ で表す方法がある。このような表し方を (③　　　　　) 表示という。

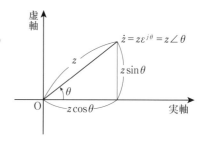

2 次の複素数を，指数関数表示および極座標表示で表せ。

(1) $3 + j4$ 　　　　　(2) $8 - j6$

> ☞ 大きさ $z = \sqrt{a^2 + b^2}$
> 偏角 $\theta = \tan^{-1}\dfrac{b}{a}$ [rad]
> を求める。

(3) $1 + j\sqrt{3}$ 　　　　(4) $3 + j3$

3 次の各問を複素数 $a + jb$ の形で表せ。

(1) $\sqrt{2}\angle\dfrac{\pi}{4}$ 　　　　(2) $6\angle\dfrac{\pi}{6}$

> ☞ $\dot{z} = z(\cos\theta + j\sin\theta)$
> 　　$= z\cos\theta + jz\sin\theta$
> 　　$= a + jb$
> で求めよ。

(3) $4\angle-\dfrac{\pi}{3}$ 　　　(4) $10\varepsilon^{j\frac{\pi}{6}}$

(5) $8\varepsilon^{j\frac{\pi}{2}}$ 　　　　(6) $5\varepsilon^{j\left(-\frac{\pi}{4}\right)}$

1 複素数とベクトル ―複素数の積・商と応用例― （教科書2 p.10〜13）

1 次の文の（　）内に適切な数値または記号，式を入れよ。

(1) 複素数の積

$$\dot{z}_3 = \dot{z}_1 \cdot \dot{z}_2 = z_1 \angle \theta_1 \cdot z_2 \angle \theta_2 = (①\qquad\qquad)$$

(2) 複素数の商

$$\dot{z}_3 = \frac{\dot{z}_1}{\dot{z}_2} = \frac{z_1 \angle \theta_1}{z_2 \angle \theta_2} = (②\qquad\qquad)$$

(3) 複素数の逆数

$$\dot{z}_3 = \frac{1}{\dot{z}_2} = \frac{1 \angle 0}{z_2 \angle \theta_2} = \frac{1}{z_2} \angle (0 - \theta_2) = (③\qquad\qquad)$$

(4) $\varepsilon^{j\theta}$ の積・商

$$\dot{z}_3 = \dot{z}_1 \cdot \dot{z}_2 = \varepsilon^{j\theta} \cdot z_2 \varepsilon^{j\theta_2} = 1 \angle \theta \cdot z_2 \angle \theta_2$$
$$= (④\qquad\qquad)$$

$$\dot{z}_3 = \dot{z}_1 \cdot \dot{z}_2 = \frac{1}{\varepsilon^{j\theta}} \cdot z_2 \varepsilon^{j\theta_2} = 1 \angle -\theta \cdot z_2 \angle \theta_2$$
$$= (⑤\qquad\qquad)$$

(5) j，$-j$ の積

$$\dot{z}_3 = j \cdot \dot{z}_2 = 1 \angle \frac{\pi}{2} \cdot z_2 \angle \theta_2 = z_2 \angle (⑥\qquad\qquad)$$

$$\dot{z}_3 = -j \cdot \dot{z}_2 = 1 \angle -\frac{\pi}{2} \cdot z_2 \angle \theta_2 = z_2 \angle (⑦\qquad\qquad)$$

ポイント

○ 複素数の積
　　大きさは積，偏角は和
○ 複素数の商
　　大きさは商，偏角は差
○ 逆数
　　大きさは逆数，
　　偏角は負記号をつける。
○ $\varepsilon^{j\theta}$ の積・商
　　積は偏角を $+\theta$ 回転
　　商は偏角を $-\theta$ 回転
　　　　　　と同等となる。
○ j，$-j$ の積・商
　　積は偏角を $+\dfrac{\pi}{2}$ 回転
　　商は偏角を $-\dfrac{\pi}{2}$ 回転
　　　　　　と同等となる。

---

2 次の複素数の積を，極座標表示で表せ。

(1) $20\varepsilon^{j\frac{2}{9}\pi} \times 5\varepsilon^{j\frac{1}{9}\pi}$

(2) $20\angle\frac{1}{3}\pi \times 4\varepsilon^{j\left(-\frac{1}{6}\pi\right)}$

(3) $j \times 30\varepsilon^{j\frac{1}{4}\pi}$

(4) $10\angle\frac{1}{6}\pi \times 10\left(\frac{1}{2} - j\frac{\sqrt{3}}{2}\right)$

3 次の二つの複素数の商を，極座標表示で表せ。

(1) $50\angle-\frac{\pi}{3} \div 5\angle-\frac{1}{6}\pi$

(2) $20\varepsilon^{j\frac{2}{3}\pi} \div 5\varepsilon^{j\left(-\frac{1}{6}\pi\right)}$

(3) $80\angle\frac{3}{4}\pi \div 2\varepsilon^{j\frac{1}{2}\pi}$

(4) $10 \div 2\left(\frac{1}{\sqrt{2}} + j\frac{1}{\sqrt{2}}\right)$

(5) $1 \div 2\left(\frac{\sqrt{3}}{2} + j\frac{1}{2}\right)$

(6) $(5 + j5\sqrt{3}) \div (5\sqrt{3} + j5)$

[2] 複素数による V, I, Z の表示法 （教科書2 p.14〜17）

1 次の文の（　）に適切な用語または式を入れよ。

(1) 複素数で表した電圧 $\dot{V}$ と，電流 $\dot{I}$ との比を

（①　　　　　　　　　　　　　）といい $\dot{Z}$ [Ω] で表す。$\dot{Z}$ は次式で表される。

$$\dot{Z} = （②　　　　　）$$

(2) $\dot{Z}$ が，$\dot{Z} = Z\angle\theta$ [Ω] の形で表されるとき，Z [Ω] をインピーダンスの（③　　　　　）または（④　　　　　）といい，θ [rad] を（⑤　　　　　　　　　　）という。

(3) 交流の電圧・電流・インピーダンスを複素数で表し，回路の計算をする方法を（⑥　　　　　）という。

> **ポイント**
>
> ○複素インピーダンス
> $$\dot{Z} = \frac{\dot{V}}{\dot{I}} \text{ [Ω]}$$
>
> ○R のみの場合
> $$\dot{Z} = R \text{ [Ω]}$$
>
> ○L のみの場合
> $$\dot{Z} = j\omega L = \omega L \angle \frac{\pi}{2} \text{ [Ω]}$$
>
> ○C のみの場合
> $$\dot{Z} = -j\frac{1}{\omega C}$$
> $$= \frac{1}{\omega C} \angle -\frac{\pi}{2} \text{ [Ω]}$$

例題 2 R, L, C 単独の回路における $\dot{V}$ と $\dot{I}$ の関係，インピーダンス $\dot{Z}$ について（　）に適切な記号や式を入れよ。また，電圧 $\dot{V}$ を基準とした電流 $\dot{I}$ のベクトルをベクトル図に描け。

(1) R だけの回路

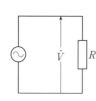

$$\dot{I} = \frac{\dot{V}}{（①　　　　）}$$

$$\dot{Z} = （②　　　　）$$

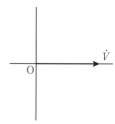

(2) L だけの回路

$$\dot{I} = \frac{\dot{V}}{（③　　　　）} = -j（④　　　　）$$

極座標表示

$$\dot{Z} = j（⑤　　　　）= （⑥　　　　　　）$$

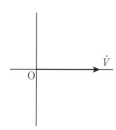

(3) C だけの回路

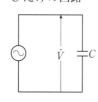

$$\dot{I} = （⑦　　　　）\dot{V}$$

極座標表示

$$\dot{Z} = -j（⑧　　　　）= （⑨　　　　　　）$$

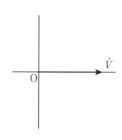

3 次に示す各素子に，$\dot{V} = 120\,\mathrm{V}$ の電圧を加えたとき，流れる電流 $\dot{I}\,[\mathrm{A}]$ はそれぞれいくらか。極座標表示で表せ。また，それぞれの場合の電圧 $\dot{V}$ を基準とした電流 $\dot{I}$ のベクトルをベクトル図に描け。

(1)　$R = 50\,\Omega$

(2)　$j\omega L = j24\,\Omega$

(3)　$-j\dfrac{1}{\omega C} = -j20\,\Omega$

4 $50\,\mathrm{mH}$ のインダクタンスをもつコイルに，$50\,\mathrm{Hz}$，$\dot{V} = 100\,\mathrm{V}$ の電圧を加えたとき，誘導リアクタンス $\dot{X}_L\,[\Omega]$ と電流 $\dot{I}\,[\mathrm{A}]$ はいくらか。極座標表示で表せ。

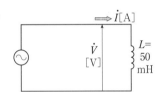

5 $50\,\mu\mathrm{F}$ の静電容量をもつコンデンサに，$60\,\mathrm{Hz}$，$\dot{V} = 100\angle -\dfrac{\pi}{6}\,\mathrm{V}$ で表される電圧を加えるとき，容量リアクタンス $\dot{X}_C\,[\Omega]$ と流れる電流 $\dot{I}\,[\mathrm{A}]$ はいくらか。極座標表示で表せ。

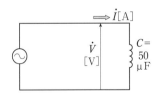

2 記号法による計算 （教科書2　p.20〜39）

1 直列回路 ―*RL*直列回路，*RC*直列回路― （教科書2　p.20〜23）

例題 1 *RL*直列回路について，次の文の（　　）に適切な式を
入れよ。

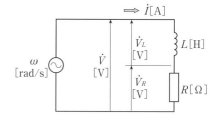

(1) インピーダンス$\dot{Z}$[Ω]を複素数表示で表すと，

$$\dot{Z} = a + jb = (①\qquad\qquad\qquad)$$

となる。よって，インピーダンスの大きさZ[Ω]は，

$$Z = (②\qquad\qquad\qquad)$$

(2) インピーダンス角θ[rad]は，$\theta = \tan^{-1}(③\qquad\qquad)$ となる。

例題 2 *RC*直列回路について，次の文の（　　）に適切な用語
または式を入れよ。

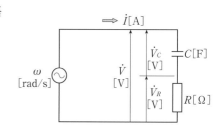

(1) インピーダンス$\dot{Z}$[Ω]を複素数表示で表すと，

$$\dot{Z} = a + jb = (①\qquad\qquad\qquad)$$

となる。よって，インピーダンスの大きさZ[Ω]は，

$$Z = (②\qquad\qquad\qquad)$$

(2) インピーダンス角θ[rad]は，$\theta = \tan^{-1}(③\qquad\qquad)$ となる。

3 右図の*RL*直列回路において，次の問いに答えよ。

(1) 電源の周波数が50 Hzおよび60 Hzのときのインピーダンス
$\dot{Z}_{50}$[Ω]，$\dot{Z}_{60}$[Ω]を$a + jb$の形で表せ。

(2) (1)で求めた$\dot{Z}_{50}$[Ω]，$\dot{Z}_{60}$[Ω]を極座標表示で表せ。

4 右図の*RC*直列回路において，次の問いに答えよ。

(1) インピーダンス$\dot{Z}$[Ω]を，$a + jb$の形で表せ。

(2) インピーダンス$\dot{Z}$[Ω]を極座標表示で表せ。

(3) 回路に流れる電流$\dot{I}$[A]を極座標表示で表せ。

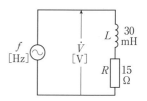

$$\frac{1}{\omega C} = \frac{1}{2\pi f C}$$

1 直列回路　―*RLC* 直列回路―　（教科書 2　p.24～27）

 1　*RLC* 直列回路について, 次の文の (　　) に適切な用語または式を入れよ。

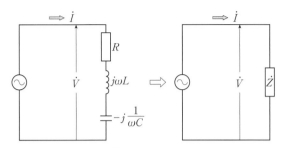

ポイント

○ *RLC* 直列回路のインピーダンス

$$\dot{Z} = R + j\left(\omega L - \frac{1}{\omega C}\right)$$
$$= Z\angle\theta\,[\Omega]$$

○ $\dot{Z}$ の大きさ

$$Z = \sqrt{R^2 + \left(\omega L - \frac{1}{\omega C}\right)^2}$$
$$[\Omega]$$

○ インピーダンス角

$$\theta = \tan^{-1}\frac{\omega L - \dfrac{1}{\omega C}}{R}$$
$$[°],\ [\text{rad}]$$

(1)　インピーダンス $\dot{Z}\,[\Omega]$ を複素数表示で表すと,

$$\dot{Z} = a + jb = (①\qquad\qquad)$$

となる。よって, インピーダンスの大きさ $Z\,[\Omega]$ は,

$$Z = (②\qquad\qquad)$$

(2)　インピーダンス角 $\theta\,[\text{rad}]$ は, $\theta = \tan^{-1}(③\qquad)$ となる。

(3)　インピーダンス $\dot{Z}$ の実部を (④　　　) 分といい, 虚部を (⑤　　　　　) 分という。

2　$R = 30\,\Omega$, $\omega L = 80\,\Omega$, $\dfrac{1}{\omega C} = 40\,\Omega$ の直列回路について, 次の問いに答えよ。

(1)　インピーダンス $\dot{Z}\,[\Omega]$ はいくらか。

(2)　大きさ $Z\,[\Omega]$ はいくらか。

(3)　インピーダンス角 $\theta\,[\text{rad}]$ はいくらか。

(4)　$\dot{Z}$ を極座標表示で表せ。

3　右図の RLC 直列回路において，次の問いに答えよ。

(1)　回路のインピーダンス $\dot{Z}$ [Ω] を $a+jb$ の形で示せ。

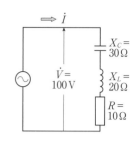

(2)　インピーダンス $\dot{Z}$ の大きさ Z [Ω] およびインピーダンス角 θ [rad] はいくらか。

(3)　回路に流れる電流 $\dot{I}$ [A] を極座標表示で表せ。

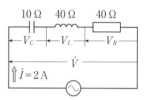

$$\dot{Z} = R + j\left(\omega L - \frac{1}{\omega C}\right)$$

4　右図のような RLC 直列回路において，$\dot{I} = 2$ A の電流が流れているという。次の問いに答えよ。

(1)　インピーダンス $\dot{Z}$ [Ω] を $a+jb$ の形で示せ。

(2)　全電圧 $\dot{V}$ [V] を $a+jb$ の形および極座標表示で表せ。

(3)　$\dot{I}$ を基準として $\dot{V}$, $\dot{V_R}$, $\dot{V_L}$, $\dot{V_C}$ のベクトル図を描け。

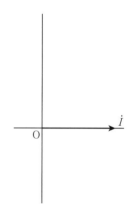

5　$R = 12$ Ω, $L = 15$ mH, $C = 0.37$ μF の RLC 直列回路がある。共振周波数 f_0, 回路のよさ Q の値を求めよ。

2 並列回路 ―*RL* 並列回路，*RC* 並列回路― （教科書2 p.28〜31）

 1 *RL* 並列回路について，次の文の（　　）に適切な式を入れよ。

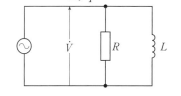

(1) インピーダンス $\dot{Z}\,[\Omega]$ を極座標表示で表すと，

$$\dot{Z} = \frac{\dot{V}}{\dot{I}} = Z\angle\theta$$

となる。インピーダンスの大きさ $Z\,[\Omega]$ は，

$$Z = (① \qquad\qquad)$$

(2) インピーダンス角 $\theta\,[\text{rad}]$ は，$\theta = \tan^{-1}(② \qquad)$ となる。

 2 *RC* 並列回路について，次の文の（　　）に適切な式を入れよ。

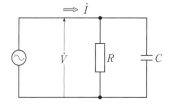

(1) インピーダンス $\dot{Z}\,[\Omega]$ を極座標表示で表すと，

$$\dot{Z} = \frac{\dot{V}}{\dot{I}} = Z\angle\theta$$

となる。インピーダンスの大きさ $Z\,[\Omega]$ は，

$$Z = (① \qquad\qquad)$$

(2) インピーダンス角 $\theta\,[\text{rad}]$ は，$\theta = \tan^{-1}(② \qquad)$ となる。

3 *RL* 並列回路において，$R = 30\,\Omega$，$\omega L = 40\,\Omega$ のとき，$\dot{Z}\,[\Omega]$ を極座標表示で表せ。

4 *RC* 並列回路において，$R = 2\,\Omega$，$\dfrac{1}{\omega C} = 0.5\,\Omega$ のとき，$\dot{Z}\,[\Omega]$ を極座標表示で表せ。

2 並列回路 ―アドミタンスによる計算― （教科書2 p.31〜33）

1 次の文の（　）内に適切な用語または数値，記号，式を入れよ。

(1) 並列回路の計算では，インピーダンスの逆数にあたる
（①　　　　　　　　　　　）とよばれる量が用いられ，その単位には
（②　　　　　　　　　　）が用いられる。

(2) RLC 並列回路の合成アドミタンス $\dot{Y}$ [S] は次式で表される。

$$\dot{Y} = \frac{1}{R} - j（③　　　　　　　　　）$$

$$= G - jB$$

(3) 上の式の実部 G を（④　　　　　　　　　）といい，虚部 B を
（⑤　　　　　　　　　）という。単位はそれぞれ
（⑥　　　　　　　）である。

(4) $\dot{Y}$ の大きさ Y と偏角 θ' を G と B で表すと
$Y = $（⑦　　　　　　　　），$\theta' = $（⑧　　　　　　　　）

(5) $\dot{Y}$ の虚部が正の場合，回路全体は（⑨　　　　）性であり，$\dot{Y}$ の
虚部が負の場合，回路全体は（⑩　　　　）性である。

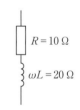

例題 2 インピーダンス $\dot{Z} = 40 + j30$ [Ω] のアドミタンス $\dot{Y}$ [S] を極座標表示で求めよ。

3 右図のコンダクタンス G [S]，サセプタンス B [S] はいくらか。
また，アドミタンス $\dot{Y}$ [S] を求めよ。

$R = 10\ \Omega$

$\omega L = 20\ \Omega$

4 右図は RLC 並列回路である。この回路のアドミタンス $\dot{Y}$ [S] は
いくらか。また，偏角 θ' [rad] はいくらか。

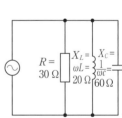

$R = 30\ \Omega$　$X_L = \omega L = 20\ \Omega$　$X_C = \frac{1}{\omega c} = 60\ \Omega$

5 **4** の回路のアドミタンス $\dot{Y}$ [S] の大きさ Y [S] はいくらか。また，
回路全体は誘導性か容量性か示せ。

6 右図において，次の問いに答えよ。

(1) 回路のアドミタンス $\dot{Y}_1$ [S]，$\dot{Y}_2$ [S] はいくらか。

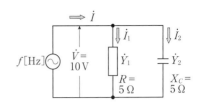

(2) 合成アドミタンス $\dot{Y}$ [S] を $a+jb$ の形で表せ。また，$\dot{Y}$ の大きさ Y [S] はいくらか。

(3) 電源を流れる電流 $\dot{I}$ [A] を $a+jb$ の形で表せ。また，$\dot{I}$ の大きさ I [A] はいくらか。

7 右図の回路において，次の問いに答えよ。

(1) 回路のアドミタンス $\dot{Y}_1$ [S]，$\dot{Y}_2$ [S] を $a+jb$ の形で表せ。

(2) 合成アドミタンス $\dot{Y}$ [S] を $a+jb$ の形で示せ。

(3) 電流 $\dot{I}$ の大きさ I [A] およびインピーダンス角 θ [rad] はいくらか。

8 右図の回路において，次の問いに答えよ。

(1) アドミタンス $\dot{Y}_1$ [S] を $a+jb$ の形で示せ。

(2) アドミタンス $\dot{Y}_2$ [S] を $a+jb$ の形で示せ。

(3) 合成アドミタンス $\dot{Y}$ の大きさ Y [S] とアドミタンスの偏角 θ' [rad] はいくらか。

2 並列回路 ―並列共振― （教科書2　p.34〜36）

1 次の文の（　）内に適切な用語または式を入れよ。

右図のような LC 並列回路の電源の周波数を変化させると，$\omega C = $（①　　　　　）のときの周波数 f_0 [Hz] において，電流 I は（②　　　　　）A となり，そのときの合成インピーダンス Z [Ω] はかぎりなく（③　　　　　）くなる。このような現象を（④　　　　　）という。共振周波数 f_0 [Hz] は次式で表される。

$$f_0 = （⑤　　　　　）$$

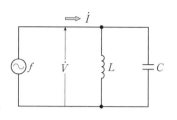

2 右図は，インダクタンス L と静電容量 C の並列回路である。次の問いに答えよ。

(1) 共振周波数 f_0 [kHz] はいくらか。

(2) 共振時の電流 $\dot{I}_L$ [mA]，$\dot{I}_C$ [mA] および $\dot{I}$ [mA] はいくらか。

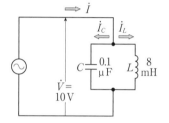

3 右図のような回路において，電流 $\dot{I}_1$ [A]，$\dot{I}_2$ [A] および $\dot{I}$ [A] を極座標表示を用いて示せ。

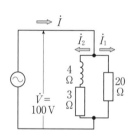

```
┌─ ポイント ─────────┐
○コイルの抵抗を考慮した
　並列共振周波数
　f_0 = (1/2π)√(1/LC − (R/L)²)
　　　　　　　　　　[Hz]
└────────────────┘
```

○コイルの抵抗を考慮した並列共振周波数

$$f_0 = \frac{1}{2\pi}\sqrt{\frac{1}{LC} - \left(\frac{R}{L}\right)^2}\quad[\text{Hz}]$$

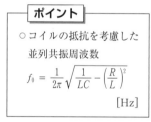

4 右図は，コイルとコンデンサの並列回路である。この回路の共振周波数 f_0 [kHz] はいくらか。

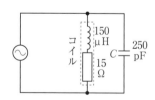

2 並列回路 —交流ブリッジ— （教科書2 p.36〜37）

1 次の文の（ ）に適切な用語を入れよ。

右図は，（① 　　　　　　　　）とよばれる回路である。検出器 D で交流電圧が検出されなくなった場合は，3-4 間で同じ（② 　　　　　）になったことを示している。

この状態を，ブリッジ回路が（③ 　　　　　）したという。

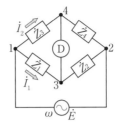

ポイント

ブリッジの平衡条件
平衡状態のとき
$$\dot{Z_1}\dot{Z_4} = \dot{Z_2}\dot{Z_3}$$
$$\left(\frac{\dot{Z_1}}{\dot{Z_2}} = \frac{\dot{Z_3}}{\dot{Z_4}}\right)$$
がなりたつ。

2 右図のブリッジ回路が平衡状態にあるとすると，抵抗 R [Ω] およびインダクタンス L [H] の値はそれぞれいくらになるか。

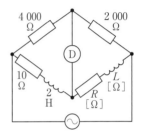

3 右図のブリッジ回路において，次の問いに答えよ。

(1) 各辺が図のような値のとき平衡したという。R_x [Ω] および L_x [H] を式で表せ。

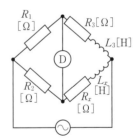

(2) $R_1 = 10$ Ω, $R_2 = 100$ Ω, $R_3 = 8$ Ω, $L_3 = 30$ mH のとき平衡した。R_x [Ω] および L_x [mH] はそれぞれいくらか。

3 回路に関する定理 （教科書2　p.40〜48）

1 キルヒホッフの法則 （教科書2　p.40〜41）

1 次の文の（　　）に適切な用語を入れよ。

（1） キルヒホッフの第1法則は，「回路網中の任意の分岐点におい
て，（①　　　　　）する電流の和と（②　　　　　）する電流の和は
等しい。」というものである。

（2） キルヒホッフの第2法則は，「回路網中の任意の閉回路を一定
の向きをたどるとき，閉回路中の（③　　　　　　　　）の和と
（④　　　　　　　　）の和とは等しい。」というものである。

2 右下図の回路において，$\dot{E}_1 = 85$ V，$\dot{E}_2 = 60$ V であるとき，電流
$\dot{I}_1$ [A]，$\dot{I}_2$ [A] および $\dot{I}_3$ [A] はいくらか。

第1法則より （　　　　　　　　　　　　　） ……〈1〉

第2法則より （　　　　　　　　　　　　　） ……〈2〉

（　　　　　　　　　　　　　） ……〈3〉

> **ポイント**
> ○キルヒホッフの第1およ
> び第2法則により式を立
> て，連立方程式を解く。

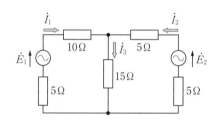

3 右図の回路において，$\dot{E}_1 = 20$ V，$\dot{E}_2 = 10$ V である。
電流 I_1 [A]，I_2 [A] および I_3 [A] を $a_1 + ja_2$ の形で表せ。

第1法則より

$\dot{I}_1 + \dot{I}_2 = \dot{I}_3 \rightarrow$（　　　　　　　　　）………〈1〉

第2法則より

$\dot{E}_1 = \dot{Z}_1\dot{I}_1 + \dot{Z}_3\dot{I}_3 \rightarrow$（　　　　　　　）…〈2〉

$\dot{E}_2 = \dot{Z}_2\dot{I}_2 + \dot{Z}_3\dot{I}_3 \rightarrow$（　　　　　　　）…〈3〉

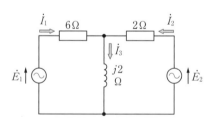

4 右図の回路において，$\dot{E}_1 = 100\,\mathrm{V}$，$\dot{E}_2 = j100\,\mathrm{V}$ のとき，電流 $\dot{I}_1\,[\mathrm{A}]$，$\dot{I}_2\,[\mathrm{A}]$ および $\dot{I}_3\,[\mathrm{A}]$ はいくらか。

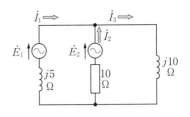

5 右図の回路において，$\dot{E}_1 = 6\,\mathrm{V}$，$\dot{E}_2 = 5\,\mathrm{V}$ のとき，電流 $\dot{I}_1\,[\mathrm{A}]$，$\dot{I}_2\,[\mathrm{A}]$ および $\dot{I}_3\,[\mathrm{A}]$ はいくらか。

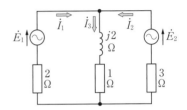

2　重ね合わせの理 （教科書2　p.42〜43）

1 次の文の（　　）に適切な用語を入れよ。

　　複数の電源を含む回路の各部の電流は，各電源が一つずつ単独に存在すると仮定し，ほかの電源を取り除き，（①　　　　　）して求めた電流を（②　　　　　　）ものに等しい。

2 右図の回路において，電流 $\dot{I}_1\,[\mathrm{A}]$，$\dot{I}_2\,[\mathrm{A}]$，$\dot{I}_3\,[\mathrm{A}]$ を重ね合わせの理を用いて求めよ。

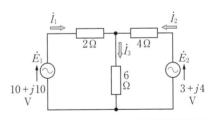

❸　図Ａと図Ｂのように分けて，重ね合わせの理を適用する。

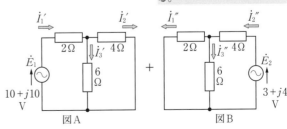

3 鳳・テブナンの定理 (教科書2 p.44〜47)

1 次の文の( )に適切な用語を入れよ。

一般に,電源を含んでいる回路を(① _____)といい,電源を含んでいない回路を(② _____)という。電気回路は,(① _____)と(② _____)に分けることができる。

2 右図の回路において,次の問いに答えよ。

(1) スイッチSを開いているときの端子1,2間の電圧 V_{12} [V] はいくらか。

> **ポイント**
> 合成抵抗 R_0 を求める場合,電源は短絡する。

(2) 端子1,2から電源側をみた合成抵抗 R_0 [Ω] はいくらか。

(3) スイッチSを閉じたとき,抵抗 R に流れる電流 I_2 [A] を鳳・テブナンの定理を用いて求めよ。

(4) オームの法則から R に流れる電流を求め,(3)の結果と比較せよ。

3 右図の回路において,次の問いに答えよ。

(1) スイッチSを開いているとき,端子1,2間の電圧 V_{12} [V] はいくらか。

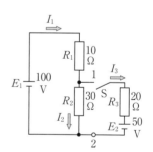

(2) 端子1,2から電源側をみた合成抵抗 R_0 [Ω] はいくらか。

(3) スイッチSを閉じたとき,抵抗 R_3 に流れる電流 I_3 [A] を,鳳・テブナンの定理を用いて求めよ。

(4) $E_2 = 0$ V のとき,R_3 を流れる電流 $I_3{}'$ [A] はいくらか。

第6章 総 合 問 題

1 右図の *RL* 並列回路において，次の問いに答えよ。

(1) 回路の合成アドミタンス $\dot{Y}$ [S] はいくらか。

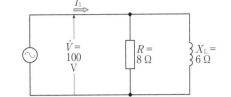

(2) 回路の電流 $\dot{I}$ [A] および力率 $\cos\theta$ はいくらか。

(3) 回路のインピーダンス $\dot{Z}$ [Ω] を $a+jb$ の形で示せ。

2 右図は直並列回路である。次の問いに答えよ。

(1) 回路のインピーダンス $\dot{Z}$ [Ω] を $a+jb$ の形で示せ。

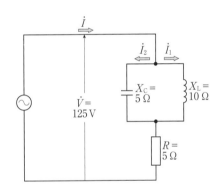

(2) 電流 $\dot{I}$ [A]，$\dot{I}_1$ [A]，$\dot{I}_2$ [A] を，それぞれ $a+jb$ の形で示せ。

(3) この回路の消費電力 P [W] はいくらか。

3 右図は *RLC* 並列回路である。次の問いに答えよ。
（$a+jb$ の形で示せ。）

(1) スイッチSを開いているとき，回路のアドミタンス $\dot{Y}$ [S] および電流 $\dot{I}$ [A] はいくらか。

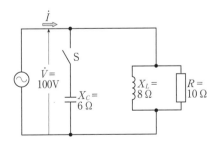

(2) スイッチSを閉じたとき，回路のアドミタンス $\dot{Y}$ [S] および電流 $\dot{I}$ [A] はいくらか。

4　右の回路において，次の問いに答えよ。

(1)　電源電圧 $\dot{E}$ [V] を極座標表示で表せ。

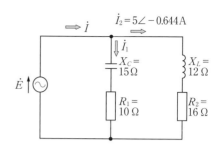

(2)　RC 回路の電流 $\dot{I}_1$ [A] を極座標表示で表せ。

(3)　合成電流 $\dot{I}$ [A] を $a+jb$ を用いて示せ。

5　右の回路において，$\dot{I}_R = 5$ A のとき，電源電圧 $\dot{E}$ [V] を極座標表示で表せ。

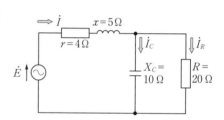

6　右図のブリッジ回路において，次の問いに答えよ。

(1)　スイッチSを開いているとき，端子1および2の電位はいくらか。また，端子1，2間の電圧 V_{12} [V] はいくらか。

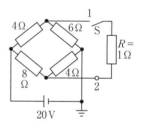

(2)　スイッチSを開いているとき，端子1，2から電源側をみた合成抵抗 R_0 [Ω] はいくらか。

(3)　スイッチSを閉じたとき，R に流れる電流 I [A] を，鳳・テブナンの定理を用いて求めよ。

第7章　三相交流

1　三相交流の基礎 （教科書2　p.52〜59）

1　三相交流 （教科書2　p.52〜53）

1　次に示す（　　）に適切な用語や記号を入れよ。

(1)　右図のように，それぞれの起電力の

（①　　　　　　　）が等しく，位相差がたがいに

（②　　　　　　　）rad である交流を

（③　　　　　　　　　　）という。

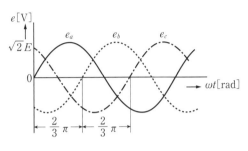

(2)　各相の起電力は，e_a を基準にすると，e_a，e_b，

e_c の順に最大になる。この順序を（④　　　　　　　　　　　）という。

2　三相交流の表し方 （教科書2　p.53〜55）

1　次に示す（　　）に適切な式を入れよ。

(1)　各相の正弦波起電力 e_a [V]，e_b [V]，e_c [V] の瞬時値の式を表

せ。

$$e_a = (①\qquad\qquad\qquad\qquad\qquad\qquad)$$
$$e_b = (②\qquad\qquad\qquad\qquad\qquad\qquad)$$
$$e_c = (③\qquad\qquad\qquad\qquad\qquad\qquad)$$

(2)　起電力の実効値が E で，$\dot{E}_a$ の位相角を 0 rad としたとき，次

の $\dot{E}_a$ [V]，$\dot{E}_b$ [V]，$\dot{E}_c$ [V] を極座標表示および記号法で表せ。

　　　　　　　　極座標表示　　　　　　　記号法

〈例〉　$\dot{E}$ 　$= E\angle\theta$ 　　　　　　　$= E(\cos\theta + j\sin\theta)$

　　　　$\dot{E}_a = (④\qquad\quad) = (⑤\qquad\qquad\qquad)$

　　　　$\dot{E}_b = (⑥\qquad\quad) = (⑦\qquad\qquad\qquad)$

　　　　$\dot{E}_c = (⑧\qquad\quad) = (⑨\qquad\qquad\qquad)$

2　実効値が 100 V の対称三相起電力 $\dot{E}_a$ [V]，$\dot{E}_b$ [V]，$\dot{E}_c$ [V] を，

$\dot{E}_a$ [V] を基準として記号法 $a + jb$ で表せ。

3 三相交流起電力の瞬時値の和 （教科書2 p.56）

 1 次に示す（　）に適切な用語や記号を入れよ。

(1) （①　　　　　）三相交流起電力の（②　　　　　　　）の和は，つね
に（③　　　　　）である。

(2) 右図において，①のところの瞬時値の式は，次のよう
になる。

$e_a = E_m \sin($④　　　　　$)$

$e_b = E_m \sin($⑤　　　　　$) = ($⑥　　　　　$)$

$e_c = E_m \sin($⑦　　　　　$) = ($⑧　　　　　$)$

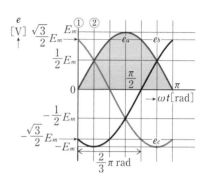

(3) 右図において，②のところの瞬時値の和は，次のようになる。

$e_a + e_b + e_c = ($⑨　　　　$) + ($⑩　　　　$) + ($⑪　　　　$)$
$= ($⑫　　　　$)$

4 三相交流回路の結線 （教科書2 p.57）

1 次に示す（　）に適切な用語を入れよ。

(1) 三相交流回路において，図(a)のように結線す
る方法を（①　　　　　）または
（②　　　　　）という。また，図(b)のように
結線する方法を（③　　　　　）または
（④　　　　　）という。

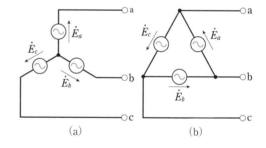

(a)　　　　　(b)

(2) 三相交流回路の負荷の結線方法には，図(c)の
ような（⑤　　　　　）と，図(d)のような
（⑥　　　　　）がある。各相の負荷が等しい場
合を（⑦　　　　）負荷という。一般に，電源が
対称三相で負荷が平衡な場合を（⑧　　　）
三相回路といい，負荷が平衡でない場合を
（⑨　　　　　）三相回路という。

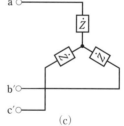

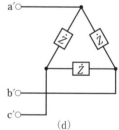

(c)　　　　　(d)

2　三相交流回路 （教科書 2　p.60～73）

1　Y-Y 回路 （教科書 2　p.60～63）

1　次の文の（　）に適切な用語や記号を入れよ。

(1)　Y-Y 回路において，線間電圧の大きさを V_l [V]，相電圧の大きさを E_p [V] とすると，その関係は次式で表される。

$$V_l = (①　　　　)$$

(2)　Y-Y 回路の線間電圧の位相は，相電圧の位相より（②　　　　）rad（③　　　　）いる。

(3)　Y 結線の線電流の大きさを I_l [A]，相電流の大きさを I_p [A] とすると，その関係は次式で表される。

$$I_l = (④　　　　)$$

2　Y-Y 回路で，線間電圧の大きさ V_l が 400 V のとき，相電圧 E_p [V] の大きさはいくらか。

3　Y-Y 回路で，相電圧の大きさ E_p が 400 V のとき，線間電圧 V_l [V] の大きさはいくらか。

4　右図の対称三相交流回路において，次の問いに答えよ。

(1)　相電圧 E_p [V] の大きさはいくらか。

(2)　線間電圧 V_l [V] の大きさはいくらか。

(3)　線電流 I_l [A] の大きさはいくらか。

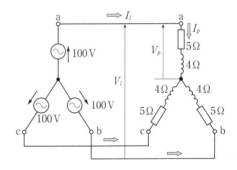

> **ポイント**
>
> ○ Y-Y 回路
> ・線間電圧と相電圧の関係
> 　$V_l = \sqrt{3}\,E_p$ [V]
> ・位相
> 　V_l は V_p より $\dfrac{\pi}{6}$ rad 進む。
> ・線電流と相電流の関係
> 　$I_l = I_p$ [A]

2 Δ-Δ 回路 (教科書2 p.64〜68)

1 次の文の(　　)に適切な用語や記号を入れよ。

(1) Δ結線において，線間電圧の大きさを V_l [V]，相電圧の大きさを E_p [V] とすると，その関係式は次のように表せる。

$$V_l = (①\qquad)$$

(2) Δ結線において，線電流の位相は，相電流の位相より

(②　　　　) rad (③　　　　) いる。

(3) Δ結線において，線電流の大きさを I_l [A]，相電流の大きさを I_p [A] とすると，次の関係式がなりたつ。

$$I_l - (④\qquad)$$

> **ポイント**
>
> ○ Δ-Δ 回路
> 線間電圧と相電圧の関係
> $V_l = E_p$ [V]
> 線電流と相電流の関係
> $I_l = \sqrt{3}\,I_p$ [A]
> 電流の位相
> I_l の位相は I_p の位相より $\dfrac{\pi}{6}$ rad 遅れる。

例題 2 右図の対称三相交流回路において，次の問いに答えよ。

(1) 相電圧 E_p [V] および線間電圧 V_l [V] の大きさはいくらか。

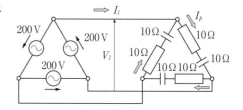

(2) 相電流 I_p [A] の大きさはいくらか。

(3) 線電流 I_l [A] の大きさはいくらか。

3 右図において，$\dot{I}_{ab} = 5\angle -0.927$ A であった。次の問いに答えよ。

(1) $\dot{I}_{bc}$ [A] および $\dot{I}_{ca}$ [A] はそれぞれいくらか。

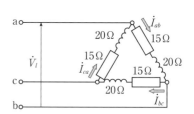

(2) 電圧 $\dot{V}_l$ は何 V か。

> ⊖ $\dot{V}_l = \dot{V}_{ab}$
> $\dot{V}_l = \dot{Z}\dot{I}_{ab}$

③　Δ-Y 回路と Y-Δ 回路 （教科書 2　p.69）
④　負荷の Y 結線と Δ 結線の換算 （教科書 2　p.70〜71）

1　次の文の（　　）に適切な数値を入れよ。

(1)　Δ 結線の各負荷 $\dot{Z}_\Delta$ が等しいとき，Y 結線の負荷 $\dot{Z}_Y$ に換算するには，各相のインピーダンスを（①　　　　）倍すればよく，次の式で表される。

$$\dot{Z}_Y = （②　　　　）\dot{Z}_\Delta$$

(2)　Y 結線の各負荷 $\dot{Z}_Y$ が等しいとき，Δ 結線の負荷 $\dot{Z}_\Delta$ に換算するには，各相のインピーダンスを（③　　　　）倍すればよく，次の式で表される。

$$\dot{Z}_\Delta = （④　　　　）\dot{Z}_Y$$

例題 2　右図の Δ 回路を Y 回路に，Y 回路を Δ 回路に変換したときの各相の抵抗はいくらか。

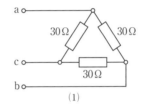
(1)

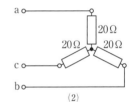
(2)

3　次の問いに答えよ。

(1)　Δ 結線を Y 結線に変換し，5 Ω の抵抗を含んだ 1 相分のインピーダンス $\dot{Z}$ [Ω] はいくらか。極座標表示で表せ。

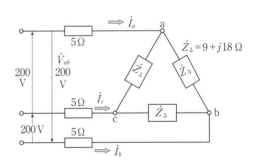

(2)　線間電圧 $\dot{V}_{ab}$ を基準にしたとき，$\dot{I}_a$ [A]，$\dot{I}_b$ [A]，$\dot{I}_c$ [A] はいくらか。極座標表示で表せ。

3　三相電力 （教科書2　p.74〜79）

1　三相電力の表し方 （教科書2　p.74）

1　次の文の（　　）に適切な用語や式を入れよ。

(1)　三相回路における電力を（①　　　　　　　　　）といい，三つの各相の電力の（②　　　　　　）で表される。

(2)　三相回路は（③　　　　　　　　　）が三つあることと等価であるので，負荷側の各相電圧を V_p [V]，各相電流を I_p [A]，相電圧と相電流の位相差を θ [rad] とすれば，三相電力 P [W] は，次式で表される。

$$P = （④　　　　　　　　　　　　　　　　　　）$$

> **ポイント**
>
> ○三相電力
> $$P = \sqrt{3}\, V_l I_l \cos\theta \,[\text{W}]$$
> または
> 一相分の電力の3倍
> $$P = 3V_p I_p \cos\theta$$

2　三相負荷と三相電力 （教科書2　p.74〜78）

1　次の文の（　　）に適切な用語や数値を入れよ。

三相回路の線間電圧，線電流，負荷の力率がわかれば，三相電力 P [W] は負荷の結線法に関係なく，次式で表される。

$$P = （①　　　　）\times（②　　　　　　）\times（③　　　　　　）\times（④　　　　）$$

2　線間電圧が 200 V の三相交流回路において，力率が 0.6 で，5 kW の電力を消費しているという。線電流 I_l [A] を求めよ。

3　右図の対称三相交流回路において，次の問いに答えよ。

(1)　線電流 I_l [A] および線間電圧 V_l [V] の大きさを求めよ。

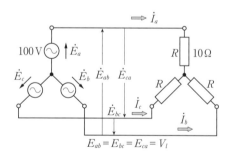

$$E_{ab} = E_{bc} = E_{ca} = V_l$$

(2)　消費電力 P [kW] を求めよ。

4 $\dot{V} = 200\angle\dfrac{\pi}{3}$ V, $\dot{I} = 50\angle\dfrac{\pi}{6}$ A の対称三相交流回路において, 電力 P[kW], 無効電力 Q[kvar] および皮相電力 S[kV·A] を求めよ。

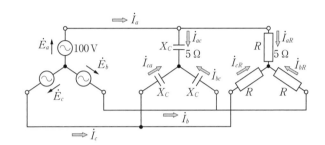

V と I の位相角 θ を求める。
$S = \sqrt{P^2 + Q^2}$

5 右図の回路において, 次の問いに答えよ。

(1) 各相電流 I_{aR}[A] と I_{ac}[A] の大きさはいくらか。

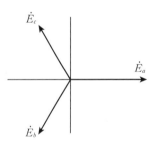

(2) $\dot{I}_{aR}$[A], $\dot{I}_{ac}$[A], $\dot{I}_{a}$[A] のベクトル図を右図に示し, 線電流 I_a の大きさを求めよ。

(3) 消費電力 P[kW] はいくらか。

$\cos\theta = \dfrac{I_{aR}}{I_a}$

6 右図の対称三相交流回路の相電流 I_p[A], 線電流 I_l[A] および消費電力 P[kW] を求めよ。

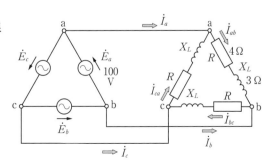

4 回転磁界 （教科書2　p.80〜83）

1 三相交流による回転磁界 （教科書2　p.80〜82）

1 次の文の（　　）に適切な用語や数値を入れよ。

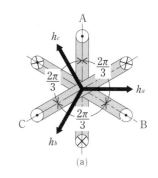

(a)

(1) 図(a)のように，巻数の等しい三つのコイル A，B，C をたがい
に（①　　　　　）rad ずつずらして配置し，このコイルに
（②　　　　　）電流を流すと，h_a，h_b，h_c の磁界が発生する。こ
の三つの合成磁界の向きは，時間とともに（③　　　　　）と同じ向
きに回転する。この時間とともに回転する磁界を（④　　　　　）
という。

(2) 回転する磁界の速度 N_s を（⑤　　　　　）といい，磁極数を
p，三相交流の周波数を f [Hz] とすると，N_s [min^{-1}] は次式で表
される。

$$N_s = \frac{(⑦　　　　　　　)}{(⑥　　　　　　　)}$$

2 図(a)のようなコイルに，周波数 50 Hz の三相交流電流を流した。
磁界の回転する速度 N_s [min^{-1}] を求めよ。ただし，磁極数 p は 4
とする。

3 図(a)のようなコイルに，ある周波数の三相交流電流を流したとこ
ろ，回転する磁界の速度 N_s が 1 800 [min^{-1}] であった。周波数 f
[Hz] を求めよ。ただし，磁極数 p は 4 とする。

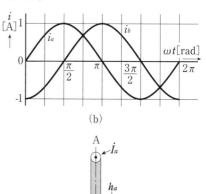

(b)

2 二相交流による回転磁界 （教科書2　p.82〜83）

1 次の文の（　　）に適切な用語や数値を入れよ。

(1) 図(b)のような，位相が（①　　　　　）rad ずれた二つ
の交流を（②　　　　）交流という。

(2) 図(c)のように，巻数の等しい二つのコイル A，B を
（③　　　　　）rad ずらして配置し，（④　　　　　）交流
を流すと，h_a，h_b のような磁界が発生する。この各コ
イルの合成磁界の向きは，時間とともに（⑤　　　　　）
している。

(c)

第7章　総 合 問 題

1　Y–Y 平衡回路において，$\dot{E}_a = 115\angle 0$ V，$\dot{E}_b = 115\angle\left(-\dfrac{2}{3}\pi\right)$ V，

$\dot{E}_c = 115\angle\left(-\dfrac{4}{3}\pi\right)$ V の電圧が加わっている。線電流 $\dot{I}_a$ [A]，$\dot{I}_b$

[A] および $\dot{I}_c$ [A] を極座標表示で表せ。ただし，各相の負荷のインピーダンス $\dot{Z}$ は，$\dot{Z} = 5\sqrt{3} + j5$ Ω である。

2　Δ–Δ 平衡回路において，$\dot{E}_{ab} = 200\angle 0$ V，$\dot{E}_{bc} = 200\angle\left(-\dfrac{2}{3}\pi\right)$ V，

$\dot{E}_{ca} = 200\angle\left(-\dfrac{4}{3}\pi\right)$ V の電圧が加わっている。次の問いに答えよ。

ただし，各相の負荷のインピーダンス $\dot{Z}$ は，$\dot{Z} = 3 + j4$ Ω である。

(1)　相電流 $\dot{I}_{ab}$ [A]，$\dot{I}_{bc}$ [A] および $\dot{I}_{ca}$ [A] を $a + jb$ の形で表せ。

(2)　線電流 $\dot{I}_a$ [A]，$\dot{I}_b$ [A] および $\dot{I}_c$ [A] を極座標表示で表せ。

3　右図において，次の問いに答えよ。

(1)　相電流 I_p [A] および線電流 I_l [A] の大きさを求めよ。

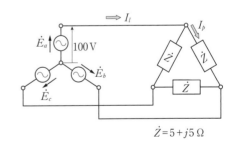

$\dot{Z} = 5 + j5$ Ω

(2)　三相電力 P [W] を求めよ。

第8章　電気計測

1 測定量の取り扱い （教科書2　p.88〜97）

1 次の問いに答えよ。

(1) 真の値が $100\,\Omega$ の抵抗器をホイートストンブリッジで測定したところ，測定値が $99.5\,\Omega$ であった。絶対誤差 $\varepsilon\,[V]$ と誤差率 ε_0 を求めよ。

(2) 最大目盛 $100\,V$ のアナログ電圧計がある。真の値が $50\,V$ の電圧を測定したところ，測定値が $49.5\,V$ であった。この電圧計の固有誤差（百分率）$\varepsilon_0'\,[\%]$ を求めよ。

(3) 最大目盛が $100\,V$ で精度階級 1.5 の電圧計がある。指針が $50\,V$ を指示していたとき，真の値は何 V から何 V の範囲にあるか。また，精度階級 0.2 の電圧計の場合も同様に求めよ。

ポイント

○絶対誤差
$$\varepsilon = M - T$$
○誤差率
$$\varepsilon_0 = \frac{\varepsilon}{T}$$
○固有誤差（百分率）
$$\varepsilon_0' = \frac{M-T}{計器の最大目盛} \times 100$$

2 下の指示計器について，A群（記号）に対応するB群，C群，D群を線で結べ。

A群（記号）　B群（種類）　C群（動作原理）　D群（使用回路）

(1)　(a) 空心電流力計形　(ア) 永久磁石の磁界と電流との間の電磁力　(A) 直流用

(2)　(b) 熱電対形　(イ) 固定コイルの磁界と可動コイルの電流による電磁力　(B) 交流用

(3)　(c) 整流形　(ウ) 整流器と可動コイル形計器との組み合わせ　(C) 交直両用

(4)　(d) 可動鉄片形　(エ) 磁界内の鉄片に働く電磁力

(5)　(e) 永久磁石可動コイル形　(オ) 熱電対と可動コイル形計器との組み合わせ

3 次の表は電気計器の姿勢記号を表したものである。記号の名称を（　）に入れよ。

	（①　　　）		（②　　　）	/60°	（③　　　）

2 電気計器の原理と構造 （教科書 2　p.98〜111）

1　次の文の（　）に適切な用語を入れよ。

(1) 電気計器の三要素である（①　　　　），（②　　　　），
（③　　　　）の装置は，直動式指示電気計器には欠くことができ
ない。

(2) 直流の電圧計や電流計のアナログ計器として，広く用いられて
いるのが（④　　　　　　　　）形計器で，商用周波数の交流電
圧計や交流電流計として広く用いられているアナログ計器は，
（⑤　　　　　　　）形計器である。

(3) 1 台の電流計で，複数（1 A, 3 A, 10 A 等）の定格の電流を測定
できる電流計を（⑥　　　　　　）電流計といい，内部に
（⑦　　　　　）器が用いられている。

(4) 1 台の電圧計で，複数（1 V, 3 V, 10 V 等）の定格の電圧を測定
できる電圧計を（⑧　　　　　　）電圧計といい，内部に
（⑨　　　　　　）器が用いられている。

2　右図のように，直流電流計 A と抵抗 R_s とを並列に接続し，電流
計の指示を測定すべき電流 I の $\dfrac{1}{10}$ にするためには，R_s を何 mΩ
にすればよいか。ただし，電流計の内部抵抗は 9 mΩ とする。

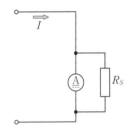

3　右図のように，直流電圧計 V と抵抗 R_m とを直列に接続し，電圧
計の指示を測定すべき電圧 V の $\dfrac{1}{10}$ にするためには，R_m を何 Ω に
すればよいか。ただし，電圧計の内部抵抗は 1 000 Ω とする。

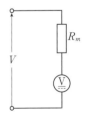

4 右図は，直列抵抗器を用いた電圧測定回路を示したものである。
次の問いに答えよ。

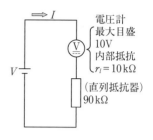

(1) 電圧計が 10 V を指示しているとき，電流 I [mA] と電源電圧
V [V] はいくらか。

(2) (1)の場合，電圧計の測定範囲は何倍になっているか。また，
電圧計の指示が 6 V のとき，電源電圧 V [V] はいくらか。

(3) この電圧計を用いて，電源電圧 300 V の電圧を測定するには，
直列抵抗器 R_m は何 kΩ のものが必要か。

5 右図は，分流器を用いた電流測定回路である。次の問いに答え
よ。

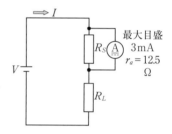

(1) 電流 I が 30 mA のとき，電流計に 3 mA 流れたという。こ
のときの倍率はいくらか。また，分流器 R_s は何 Ω であったか。

(2) $R_s = 1.25$ Ω の分流器を用いたとき，電流計の指示が 2 mA
であった。回路電流 I [mA] はいくらか。

3　基礎量の測定 （教科書2　p.112〜127）

1　基礎量の測定について，次の（　　）に適切な用語を入れよ。

(1)　電流計で電流を測定するように同種類の物理量を直接測定する方法を（①　　　　）測定といい，いくつかの直接測定の結果から，間接的に物理量を測定する方法を（②　　　　　）測定という。

(2)　指針形電流計や電圧計で電流や電圧を測定する場合のように，指針の振れ，すなわち偏位によって測定する方法を（③　　　　）法，測定量と基準量とのつり合いを求め，検出器の振れが0になったとき，測定結果が得られる方法を（④　　　　）法という。

2　絶縁抵抗計に関する次の（　　）に適切な用語を入れよ。

(1)　電気回路は絶縁がふじゅうぶんであると，短絡や大地に漏電する地絡などによって（①　　　　）事故や機器の（②　　　　）が発生するおそれがある。これらの事故を未然に防ぐために，絶縁抵抗を測定し，絶縁の良否を判断している。この測定に用いられるのが，（③　　　　）計である。

(2)　電線相互間の絶縁抵抗を測定する場合，電気機械器具を（④　　　　）し，開閉器や点減器を（⑤　　　　）にして測定する。

(3)　電線相互間と大地の絶縁抵抗を測定する場合，電気機械器具を（⑥　　　　）し，開閉器や点減器を（⑦　　　　）にして測定する。

3　接地抵抗計に関する次の（　　）に適切な用語や数値を入れよ。

(1)　接地電極と大地との間の抵抗を接地抵抗といい，（①　　　　　）計を用いて測定する。

(2)　接地抵抗を測定するには，まず，接地電極Eを基準にして補助接地電極P，Cをそれぞれ（②　　　）m程度の間隔で（③　　　　）的に地面に打ち込む。次に，接地抵抗計の端子Eと接地電極Eを，接地抵抗計の端子P，Cと補助接地電極のP，Cを測定コードでそれぞれ接続する。接地抵抗は接地抵抗計の目盛板から直読できるようになっている。

4　電力計に関する次の（　　）に適切な数値や式を入れよ。

(1)　三相電力の一相の電力を単相電力計W1台で測定した場合，三相電力はその値を（①　　　　）倍する（Y結線の場合のみ）。

(2)　単相電力計2台W_1，W_2を用いて三相電力を測定しP_1[W]，P_2[W]の値を得たとき，三相出力は$P_3 = $（②　　　　）で表せる。また，$W_2$の単相電力計の指針が逆に振れた場合（$P_2'$[W]を表示）は，$P = $（③　　　　）となる。

5　単相電力の測定について，次の問いに答えよ。

(1)　単相負荷の消費電力を求めたい。下図の計器の結線をせよ。

（ただし，電力計の電圧端子は 120 V 端子，電流端子は 5 A 端子を使用すること）

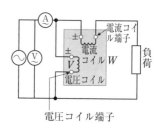

電圧コイル端子

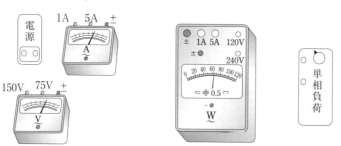

(2)　単相交流回路に加わる電圧は $V = 100$ V，回路の電流は $I = 1.8$ A，電力計の指示は 28 W，計器定数は右の表のとおりである。このときの消費電力 P [W] および力率 $\cos\theta$ はいくらか。

	定数 [倍]	
I ＼ V	120 V	240 V
1 A	1	2
5 A	5	10

（計器定数の表：定格電流1/5 A）

6　三相回路の電力を測定するのに，右図のように単相電力計を二つ使って測定する方法を二電力計法という。いま，電力計 W_1 に指示が 5 kW，W_2 の指示が 3 kW を示し，電圧計 V の指示が 200 V，電流計 A の指示が 30 A であるときの消費電力 P [kW] と力率 $\cos\theta$ はいくらか。

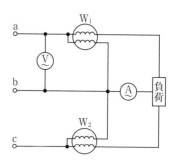

7　三相回路の電力を二電力計法で測定したところ，W_2 の指示が逆に振れたので，電圧端子を逆にして測定した。各計器の指示は，電圧計が 200 V，電流計が 9 A，電力計 W_1 が 1 210 W，電力計 W_2 が 420 W を示した。このときの消費電力 P [kW] と力率 $\cos\theta$ はいくらか。

8　三相回路において，右図のように電力計を接続すると，無効電力
が測定できる。ベクトル図をもとにして，次の問いに答えよ。

(1)　電力計 W の指示 P は，どのよう
な式で表されるか。

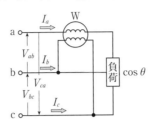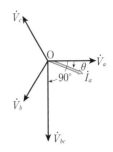

(2)　三相回路の無効電力 $Q\,[\mathrm{Var}]$ は，
どのような式で表されるか。

9　計器定数が 2 000 回転/(kW·h) の電力量計がある。電圧が 100 V，
電流が 20 A，力率が 75 % である回路では，2 時間にアルミニウム
円板は何回転するか。

10　オシロスコープによって，右図のような正弦波を観測した。
この正弦波の周期 T，周波数 f，最大値 V_m，実効値 V，平均
値 V_a をそれぞれ求めよ。

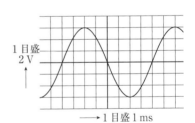

11　右図に示す交流回路において，電流計 A₂ は 7 A，電流計
A₃ は 15 A であった。負荷の力率が 60 % であったとき，次
の問いに答えよ。

(1)　電流計 A₁ の値を求めよ。

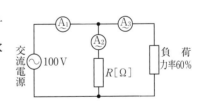

(2)　回路全体の力率を求めよ。

第8章　総合問題

1　真の値が $100\,\Omega$ の抵抗器を測定したら，測定値が $98\,\Omega$ であった。絶対誤差 $\varepsilon\,[\Omega]$ と誤差率 ε_0 を求めよ。

2　次の計算結果を有効数字3けたに丸めよ。

(1)　83.1×4.70

(2)　$8.01 \times 0.249\,1$

(3)　$5.62 \div 3.239$

(4)　$1.332 \div 5.68$

ポイント
○4けた目が5で四捨五入する場合，そのすぐ上の数字(3けた目)が偶数になるようにする。

3　次の表は電気計器の種類を記号で表したものである。計器の名称を（　　）に入れよ。

記号	種類	記号	種類
	(①　　　　)形		(②　　　　)形
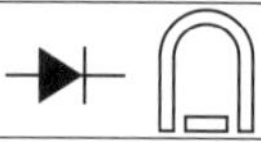	(③　　　　)形		(④　　　　)形

4　内部抵抗 $10\,\text{k}\Omega$ で最大目盛 $300\,\text{V}$ の電圧計を，最大 $900\,\text{V}$ を測定できる電圧計にするには，倍率器の抵抗 R_m を何 $\text{k}\Omega$ にすればよいか。

5　最大目盛 $5\,\text{mA}$，内部抵抗 $5\,\Omega$ の直流電流計に分流器を接続して，$0.1\,\text{A}$ まで測定できるようにするには，分流器の抵抗値 $R_s\,[\Omega]$ をいくらにすればよいか。

第9章 各種の波形

1 非正弦波交流 (教科書2 p.130〜149)

ポイント
○非正弦波交流
　直流分＋基本波＋高調波

1 非正弦波交流の発生 (教科書2 p.130〜131)

1 次の文の（　）に適切な用語を入れよ。

　鉄心に巻いたコイルに正弦波の交流電圧を加えると，流れる電流はひずんだ交流波形になる。この交流を（①　　　　　　），または（②　　　　　　）という。

2 非正弦波交流の成分 (教科書2 p.132〜139)

1 周波数 f[Hz] の正弦波交流電圧 $v_1 = 100\sin 100\pi t$ と，周波数 $2f$[Hz] の正弦波交流電圧 $v_2 = 50\sin 200\pi t$ との合成波形の瞬時値の式を表せ。

2 右図の v_1 と v_2 の合成波形 v の瞬時値の式を表せ。

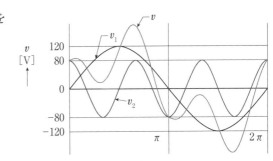

3 次の文の（　）に適切な用語を入れよ。

　右図に示す波形 v を次式で表すとき，

$$v = V_0 + \sqrt{2}\,V_1\sin(\omega t + \theta_1) + \sqrt{2}\,V_2\sin(2\omega t + \theta_2)$$
$$+ \sqrt{2}\,V_3\sin(3\omega t + \theta_3) + \cdots\cdots + \sqrt{2}\,V_n\sin(n\omega t + \theta_n)$$

この式の V_0 は（①　　　）分に相当し，第2項の $\sqrt{2}\,V_1\sin(\omega t + \theta_1)$ を（②　　　）という。第3項以下の項は，基本周波数の整数倍の正弦波交流である。これらを総称して（③　　　）といい，周波数が2倍のものを（④　　　），3倍のものを（⑤　　　），n倍のものを（⑥　　　）とよんでいる。

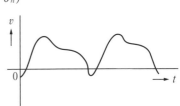

4　三角波において，$V = 5\,\mathrm{V}$ として基本波，第3調波，第5調波の周波数スペクトルを図示せよ。三角波のフーリエ級数の展開式は $v = \dfrac{8V}{\pi^2}\left(\sin\omega t - \dfrac{\sin 3\omega t}{3^2} + \dfrac{\sin 5\omega t}{5^2} - \cdots\right)$ とする。

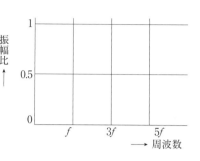

5　次の文の（　）に適切な用語や式を入れよ。

(1)　次式で表される波形の実効値 $V\,[\mathrm{V}]$ と高調波だけの実効値 V_k $[\mathrm{V}]$，ひずみ率 $k\,[\%]$ を式で表せ。

$$v = V_0 + \sqrt{2}\,V_1\sin(\omega t + \theta_1) + \sqrt{2}\,V_2\sin(2\omega t + \theta_2)$$
$$+ \sqrt{2}\,V_3\sin(3\omega t + \theta_3) + \cdots\cdots + \sqrt{2}\,V_n\sin(n\omega t + \theta_n)$$

$V = $（①　　　　　　　　　　　　　　　　　）

$V_k = $（②　　　　　　　　　　　　　　　　　）

$k = $（③　　　　　）$\times 100 = $（④　　　　　　　　　　　）$\times 100$

(2)　交流の波形がどの程度滑らかなのかを示す波形率と，どの程度とがっているかを示す波高率があり，次式で表される。

波形率 $= $（⑤　　　　　　　　），波高率 $= $（⑥　　　　　　　　）

6　ひずみ率が 12 % の非正弦波交流電圧の基本波の実効値が 20 V である。高調波だけの実効値を求めよ。

7　$v = 28.2\sin\omega t + 7.05\sin 3\omega t + 2.82\sin 5\omega t\,[\mathrm{V}]$ で表される非正弦波交流電圧がある。次の問いに答えよ。

(1)　基本波の実効値 $V_1\,[\mathrm{V}]$ はいくらか。

(2)　高調波だけの実効値 $V_k\,[\mathrm{V}]$ はいくらか。

(3)　非正弦波の実効値 $V\,[\mathrm{V}]$ はいくらか。

(4)　ひずみ率 $k\,[\%]$ はいくらか。

ポイント

○非正弦波交流の実効値

$$V = \sqrt{V_0^2 + V_1^2 + V_2^2 + \cdots}$$
$$[\mathrm{V}]$$

○ひずみ率

$$k = \frac{\sqrt{V_1^2 + V_3^2 + V_5^2}}{V_1} \times 100$$
$$[\%]$$

③ 非正弦波交流の電圧・電流・電力 （教科書 2　p.140〜147）

1 次の文の（　）に適切な用語または式を入れよ。

⑴ 非正弦波交流の消費電力 P [W] は，（①　　　　　　　）の消費電力
と（②　　　　　　　）の消費電力の和で表される。

⑵ 電圧の実効値を V_1, V_3, V_5，電流の実効値を I_1, I_3, I_5，イン
ピーダンス角を θ_1, θ_3, θ_5 とすると，この非正弦波交流の消費電
力 P [W] と等価力率 $\cos\theta$ は，次式のように表される。

$$P = (③ \hspace{10em})$$

$$\cos\theta = \frac{P}{VI} = (④ \hspace{10em})$$

2 電圧 v および電流 i の瞬時値が，次式で表される回路がある。次
の問いに答えよ。

$$v = 100\sqrt{2}\sin\omega t + 50\sqrt{2}\sin 3\omega t + 20\sqrt{2}\sin 5\omega t \,[\text{V}]$$

$$i = 5\sqrt{2}\sin\left(\omega t - \frac{\pi}{6}\right) + 3\sqrt{2}\sin\left(3\omega t - \frac{\pi}{4}\right) + 2\sqrt{2}\sin\left(5\omega t - \frac{\pi}{3}\right)[\text{A}]$$

⑴ 消費電力 P [W] はいくらか。

⑵ 電圧の実効値 V [V] はいくらか。

⑶ 電流の実効値 I [A] はいくらか。

⑷ 等価力率 $\cos\theta$ はいくらか。

3 右図において，$R = 10\,\Omega$，$\omega L = 6\,\Omega$ である。この回路に $v = 100\sqrt{2}\sin\omega t + 10\sqrt{2}\sin 3\omega t\,[\mathrm{V}]$ の非正弦波交流を加えたとき，次の問いに答えよ。

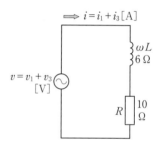

(1) 基本波に対するインピーダンスの大きさ $Z_1\,[\Omega]$ はいくらか。

(2) 第3調波に対するインピーダンスの大きさ $Z_3\,[\Omega]$ はいくらか。

(3) 基本波の電流 $i_1\,[\mathrm{A}]$ を瞬時値の式で表せ。

(4) 第3調波の電流 $i_3\,[\mathrm{A}]$ を瞬時値の式で表せ。

(5) 非正弦波交流 $i\,[\mathrm{A}]$ を瞬時値の式で表せ。　　　　　　　　　**➡ $i = i_1 + i_3$**

(6) 基本波電圧に対する基本波電流の位相差 $\theta_1\,[\mathrm{rad}]$ はいくらか。

(7) 第3調波の電圧に対する第3調波電流の位相差 $\theta_3\,[\mathrm{rad}]$ はいくらか。

(8) 基本波の消費電力 $P_1\,[\mathrm{W}]$ はいくらか。

(9) 第3調波の消費電力 $P_3\,[\mathrm{W}]$ はいくらか。

(10) この回路の全消費電力 $P\,[\mathrm{W}]$ はいくらか。　　　　　　　　　**➡ $P = P_1 + P_3$**

2 過渡現象 （教科書2 p.150〜164）

1 過渡現象 **2** *RC* 直列回路の過渡現象 （教科書2 p.150〜157）

1 次の（ ）内に適切な用語や記号を入れよ。

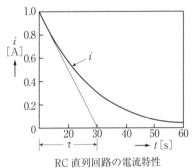

（1） 一定の定常状態から次の定常状態に移る時間を（① ）
といい，この間に現れる現象を（② ）という。

（2） 電流値，電圧値など回路の状態を表す変数を回路変数という。
はじめの定常状態の回路変数を（③ ），次の定常状態の回
路変数を（④ ）または（⑤ ）という。

（3） *RC* 直列回路において，充電電流特性が右図のように
なった。充電電流 i [A] の式は次のように表される。

$$i = （⑥ ） = （⑦ ）$$

（4） 右図の τ は過渡状態における現象の変化の速さを表す
目安となる定数で（⑧ ）とよばれ，次式のように
表される。

$$\tau = （⑨ ） [\text{s}]$$

> **ポイント**
>
> ○ *RC* 回路の過渡現象
> 充電電流
> $$i = \frac{V}{R} \varepsilon^{-\frac{t}{RC}} [\text{A}]$$

RC 直列回路の電流特性

2 下の図(a)は *RC* 直列回路である。スイッチ S を閉じたとき，次の
問いに答えよ。

🔶 ε は自然対数の底であり，
約 2.718 である。

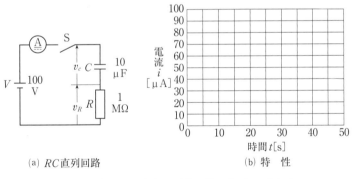

(a) *RC* 直列回路　　(b) 特　性

（1） スイッチ S を閉じた瞬時の電流 i [μA] はいくらか。

（2） この回路の時定数 τ [s] はいくらか。

（3） 右表の空らんをうめよ。

（4） 表をもとに，図(b)に特性曲
線を描け。

時間	$t = \tau$	$t = 2\tau$	$t = 3\tau$	$t = 4\tau$	$t = 5\tau$
$\varepsilon^{-\frac{t}{\tau}}$					
i					

3 *RL* 直列回路の過渡現象 （教科書2 p.157〜159）

1 次の文の（　）に適切な用語，記号を入れよ。

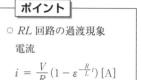

ポイント

○ *RL* 回路の過渡現象
電流
$$i = \frac{V}{R}(1 - \varepsilon^{-\frac{R}{L}t})\,[A]$$

(1) 右図は *RL* 回路の電流特性曲線である。この電流 i [A] は次式のように表せる。

$$i = (①\qquad\qquad)\,[A]$$

(2) 時定数 τ [s] は次式のように表せる。

$$\tau = (②\qquad\qquad)\,[s]$$

2 下の図(a)は *RL* 直列回路である。スイッチSを閉じたとき，次の問いに答えよ。

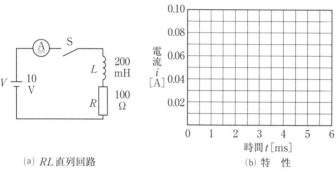

(a) *RL* 直列回路　　(b) 特　性

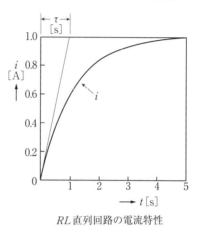

RL 直列回路の電流特性

(1) スイッチSを閉じた瞬時の電流 i [A] はいくらか。

(2) この回路の時定数 τ [s] はいくらか。

(3) 右の表の空らんをうめよ。

時間	$t=\tau$	$t=2\tau$	$t=3\tau$	$t=4\tau$	$t=5\tau$
$\varepsilon^{-\frac{t}{\tau}}$					
i					

(4) 表をもとに，図(b)に特性曲線を描け。

4 微分回路と積分回路 （教科書2 p.160〜161）

1 次の文の（　）に適切な用語を入れよ。

実際に使われている波形には，右図のようなものがある。図(a)は (①　　　) とよばれる。w を (②　　　)，T を (③　　　)，$\frac{1}{T}$ を (④　　　)，$\frac{w}{T}$ を (⑤　　　) という。図(b)は (⑥　　　) などに用いられる波形で，T_s は (⑦　　　)，T_f は (⑧　　　) とよばれる。

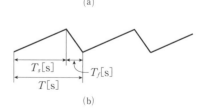

2　右図の回路に波形①の電圧を入力した。次の問いに答えよ。

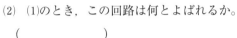

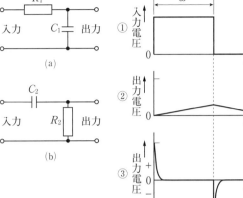

(1)　図(a)の回路に入力すると，出力に②の波形が現れた。パルス幅 w と時定数 R_1C_1 の関係を次のうちから選べ。

　　ア．$w \gg R_1C_1$　　イ．$w = R_1C_1$

　　ウ．$w \ll R_1C_1$

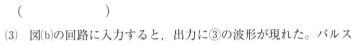

(2)　(1)のとき，この回路は何とよばれるか。

　　（　　　　　　　　）

(3)　図(b)の回路に入力すると，出力に③の波形が現れた。パルス幅 w と時定数 R_2C_2 の関係を次のうちから選べ。

　　ア．$w \gg R_2C_2$　　イ．$w = R_2C_2$　　ウ．$w \ll R_2C_2$

(4)　(3)のとき，この回路は何とよばれるか。（　　　　　　　　）

5　**種々の波形**　（教科書2　p.162）

1　図(a)の RC 直列回路に図(b)のようなパルス電圧 v_i [V] を加えると，コンデンサの両端の電圧 v_c [V] が図(b)のようになった。次の問いに答えよ。

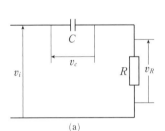

↪ $v_c = v_1(1 - \varepsilon^{-\frac{1}{RC}})$ より求める。

(1)　この回路の時定数 τ [s] はいくらか。

↪ $\varepsilon^{-1} = 0.368$

(2)　抵抗 R の値が $1\,\mathrm{M\Omega}$ のとき，コンデンサ C [μF] の値はいくらか。

(3)　コンデンサ C の値が $10\,\mathrm{μF}$ であれば，抵抗 R [MΩ] の値はいくらか。

(4)　抵抗 R の両端の電圧 v_R [V] の波形を図(c)に描け。

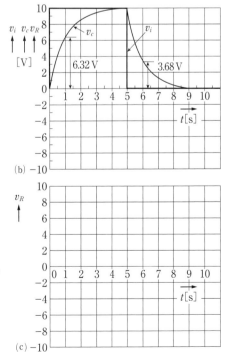

第9章 総合問題

1 右図のような RL 回路に，次式で表される電圧 $v\,[\mathrm{V}]$ を加えた
とき，次の問いに答えよ。

$$v = 200\sin\omega t + 50\sin 3\omega t + 30\sin 5\omega t\ [\mathrm{V}]$$

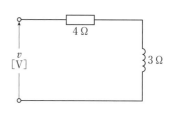

(1) 電流の実効値 $I\,[\mathrm{A}]$ はいくらか。

(2) 電圧の実効値 $V\,[\mathrm{V}]$ はいくらか。

(3) 消費電力 $P\,[\mathrm{W}]$ はいくらか。

(4) 等価力率 $\cos\theta$ はいくらか。

2 RC 直列回路において，$R = 10\,\mathrm{k\Omega}$，$C = 0.1\,\mathrm{\mu F}$ のとき，時定数
$\tau\,[\mathrm{ms}]$ はいくらか。

3 RL 直列回路において，$R = 50\,\Omega$，$L = 10\,\mathrm{mH}$ のとき，時定数
$\tau\,[\mathrm{ms}]$ はいくらか。